太原科技大学博士科研启动基金（20192046，20192051）
山西省高等学校科技创新项目（2020L0364）
山西省基础研究计划青年项目（202203021212310）

基于DNA促进蛋白质结晶的研究

张 波 著

中国原子能出版社

图书在版编目（CIP）数据

基于 DNA 促进蛋白质结晶的研究 / 张波著. -- 北京：中国原子能出版社, 2022.12

ISBN 978-7-5221-2484-1

Ⅰ. ①基… Ⅱ. ①张… Ⅲ. ①脱氧核糖核酸—影响—蛋白质—晶体化学—研究 Ⅳ. ① O743

中国版本图书馆 CIP 数据核字（2022）第 236919 号

基于 DNA 促进蛋白质结晶的研究

出版发行 中国原子能出版社（北京市海淀区阜成路 43 号 100048）
责任编辑 张　磊
责任印制 赵　明
印　　刷 北京天恒嘉业印刷有限公司
经　　销 全国新华书店
开　　本 787 毫米 ×1092 毫米　1/16
印　　张 10
字　　数 169 千字
版　　次 2022 年 12 月第 1 版
印　　次 2022 年 12 月第 1 次印刷
书　　号 ISBN 978-7-5221-2484-1
定　　价 60.00 元

发行电话：010-68452845　

作者简介

张波，女，汉族，1989 年 3 月生，山西大同人，现就职于太原科技大学，讲师。毕业于中国人民大学化学专业，博士研究生学历，主要研究方向为蛋白质结晶、DNA 纳米材料及生物物质的提取与分析。主持山西省省级项目 3 项、太原科技大学校级项目 1 项、本科生大学生创新项目 1 项；先后在 *ACS Applied Materials & Interfaces* 和 *Crystals* 等学术刊物上发表文章数篇。

前　　言

蛋白质结晶对于蛋白质的提纯、保存及结构解析等具有重要意义。由于蛋白质结晶易受到物理、化学和生物等多种因素的影响，导致蛋白质晶体形成过程不易调控，结晶效率随机并且结晶产率低，限制了蛋白质结晶的实际应用。因此，研究促进蛋白质结晶的方法学不仅可以提高蛋白质结晶效率及结晶过程的可控性，还能够有效推动蛋白质结构解析及药物开发等领域的发展。

基于此，本书利用DNA与DNA折纸技术对促进蛋白质结晶的方法进行深入研究。本书首先通过分析不同分子量DNA提高蛋白质结晶的成功率、缩短蛋白质结晶的时间，系统研究了不同分子量的DNA对蛋白质结晶的影响；然后利用DNA折纸结构促进了蛋白质的成核与结晶，通过调控DNA折纸结构的形状和尺寸促进了蛋白质的结晶，并且借助DNA折纸结构的精确可调控特性深入研究了尺寸效应与蛋白结晶的关系和内在机理；最后在DNA折纸结构上精确定位蛋白质，提高了蛋白质分子构像稳定性，增大了蛋白质的局部浓度，为难结晶蛋白质的结晶奠定了研究基础。

本书以丰富详实的内容，新颖独到的观点，开辟了DNA及DNA纳米材料的新功能，为蛋白质结晶领域提供了新的研究方法与探索思路。

笔者在本书的撰写过程中，参考引用了许多国内外学者的相关研究成果，也得到了许多专家和同行的帮助和支持，在此表示诚挚的感谢。由于笔者的专业领域和实验环境所限，本书难以做到全面系统，加之笔者研究水平有限，疏漏和错误实所难免，敬请读者批评赐教。

目　　录

第1章

引　　言

1.1 蛋白质结晶的影响因素及促进蛋白质结晶的方法

蛋白质是构成生物体的重要组成部分，并参与生物体主要生命活动，如新陈代谢、载体运输及抗体免疫等。研究蛋白质结构对生命体的认知和人类疾病治疗有着重大的意义。目前蛋白质数据库中，超过70%的蛋白质结构是通过X射线衍射解析蛋白质晶体而得到的[1]，可见结晶蛋白质仍然是得到蛋白质结构的重要手段。但是蛋白质结晶对温度、酸碱度、盐浓度、高分子、有机物及震动等方面敏感，如何有效地改善并控制结晶蛋白质一直是科学界亟待解决且具有挑战性的问题[2]。本章将系统地介绍蛋白质结晶的影响因素以及促进蛋白质结晶的方法。

影响蛋白质结晶的因素总体分为物理影响因素、化学影响因素及物理-化学共同影响因素三大类。其中，影响蛋白质结晶的物理因素包括：温度、重力场、磁场、电场、震动、声音、激光、超声波及压力等[3]。影响蛋白质结晶的化学因素包含：蛋白质本身性质、浓度、酸碱度、沉淀剂和添加剂等。通过分别控制、调节以上物理和化学性质，科学家们提出了多种方法来促进蛋白质结晶，例如通过调节结晶温度、外加电场、蛋白质工程技术以及加入不同的添加剂等方法来影响蛋白质结晶。另外，对于物理-化学共同影响因素，主要通过异相成核促进蛋白质结晶，包括改变表面形貌、外延法、表面化学、添加孔材料以及生物玻璃等方法[4]。

1.1.1 物理影响因素

温度能够明显影响蛋白质的溶解性，因为温度会改变蛋白质溶液的过饱和度，进而影响蛋白质成核及生长过程。一般来讲，在纯水和低离子强度下，例如，在较低的盐溶液浓度下，蛋白质的溶解度会随温度的升高而增大；而当增大盐溶液浓度，即在高离子强度条件下，温度升高，蛋白质溶解度反而会降低。温度在结晶动力学和热力学上都会对蛋白质结晶有影响，从动力学角度出发，温度越高，蛋白质结晶速度越快；而在热力学上，温度越低，越有利于蛋白质形成稳定的构象，促使完美晶体的生成。优质晶体的形成要求在低的过饱和度下逐渐成核、生长，即过饱和度越低，越有利于生成高质量的蛋白质晶体。当蛋白质的溶解度对于温度较为敏感时，就有必要控制温度让蛋白质溶液在一个较低的过饱和度下成核结晶。大多数蛋白质的结晶温度为 4 ~ 22 ℃，但是也有个别蛋白质适合在 0 ~ 4 ℃ 结晶。一般来说，科研工作者先在较高温度下筛选蛋白质结晶条件，如果条件稳定则在 4 ℃ 条件下优化晶体质量。为了提高蛋白质晶体的质量，科学家一般通过降低温度、减缓成核速率，达到蛋白质分子完美堆积的目的。

目前针对温度对蛋白质的影响，已经开发出了一系列提高蛋白质结晶的方法，例如，恒定过饱和法、温度梯度法和循环温度法等。

恒定过饱和法是指通过不断调节温度控制蛋白质溶液有一个恒定的过饱和度，从而优化晶体质量。此方法下，蛋白质溶液可以维持恒定的最低的过饱和度，最优程度上得到尺寸较大、晶体质量最好的蛋白质晶体。据报道，通过此方法得到的晶体尺寸比控制恒定温度得到的晶体尺寸大得多[5]。

温度梯度法是指在线性温度梯度下，对不同温度下得到的蛋白质晶体进行质量评估。在对溶菌酶蛋白质温度梯度法的观察中发现，溶菌酶蛋白质晶体质量随着温度的升高而提高，晶体质量在 13 ℃ 时最好。通过温度梯度法，可以筛选到蛋白质的最优结晶温度。

循环温度法是指设置一个循环的温度环境来结晶蛋白质。西北工业大学的尹大川团队通过对 9 种蛋白质在线性循环的温度下进行蛋白质结晶实验，发现和恒定温度条件下相比，线性的循环温度法可以有效提高筛选蛋白质结晶的成功率，可以在更短的时间内筛选出更多蛋白质结晶条件，以及得到高质量蛋白质晶体。

在蛋白质结晶过程中，成核需要较高的过饱和度，而晶体生长需要较低的过饱和度。通过调控结晶温度来调节蛋白质溶液的过饱和度及成核结晶速率[6]，可以有效优化蛋白质晶体的质量、形貌及尺寸等。

蛋白质晶体优化可以通过调节重力场得以实现[7]。20世纪80年代，人们就利用国际空间站的微重力环境来结晶蛋白质，微重力环境能够有效减小对流作用。对流作用会扰乱蛋白质分子的有效堆积，而在微重力条件下晶体可以有效克服重力场引起的对流和沉降作用，降低晶体表面的浓度梯度影响，对形成较大尺寸、完美的晶体具有促进作用[8-10]。另外，微重力环境还可以通过磁场来构置，尤其对于抗磁性蛋白质，可以有效提高蛋白质晶体的质量[11-14]。

磁场可以通过干扰成核速率、热力学稳定性及晶格的排布等方面影响蛋白质晶体的形貌、大小和质量。在磁场作用下，蛋白质分子均匀分布在溶液中，“无容器”状态不容易损坏晶体，同时磁场的存在可以增大溶液的黏度、减小溶液中分子对流、抑制过量的自发成核，蛋白质分子能够在此环境中完成更为规则、有效的堆积，提高蛋白质晶体X射线衍射，最终形成尺寸较大且完美的晶体[14]。另外，磁场通过奥斯特瓦尔德熟化机制溶解较小的晶体。增大磁场强度可以有效提高晶体质量、增大晶体尺寸，如图1-1所示[12, 15-17]。

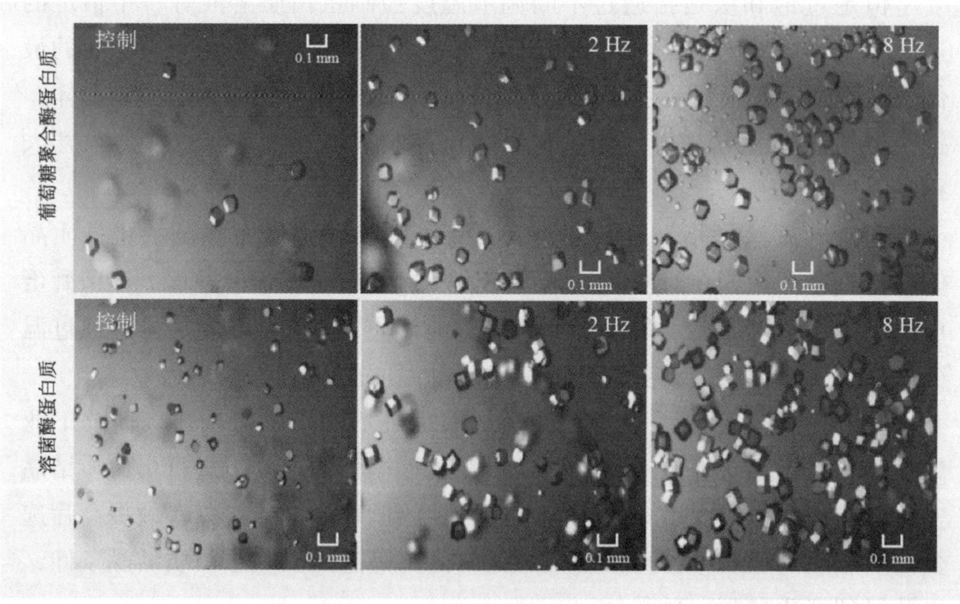

图1-1　蛋白质在不同磁场强度条件下的晶体形态

对于抗磁性蛋白，磁场的引入会使蛋白质晶体的镶嵌块沿磁场方向排布，降低蛋白质晶体的马赛克性，从而提高晶体质量。并且在一定的磁场作用下，蛋白质晶体会沿磁场方向有序排列 [11，18-19]。利用磁场高通量筛选蛋白质晶体 [20]，有利于快速得到高质量蛋白质晶体。

由于蛋白质表面带有大量电荷和不同的极性基团，电场会改变蛋白质表面电荷的排布，从而改变蛋白质的溶解性，影响蛋白质的结晶。实验表明，电场可以缩短结晶所需时间，提高蛋白质晶体的质量以及增加晶体数量 [21-23]。另外，一定强度的外加电场可以有效降低蛋白质成核的自由能，从而有利于形成较大尺寸的蛋白质晶体以及提高蛋白质结晶的重复性，外加电场使得溶菌酶蛋白质晶体尺寸增大，晶体质量提高，如图 1-2 所示 [22]。大量研究表明，通过引入磁场和外加电场共同调节可以优化蛋白质结晶过程 [24]。

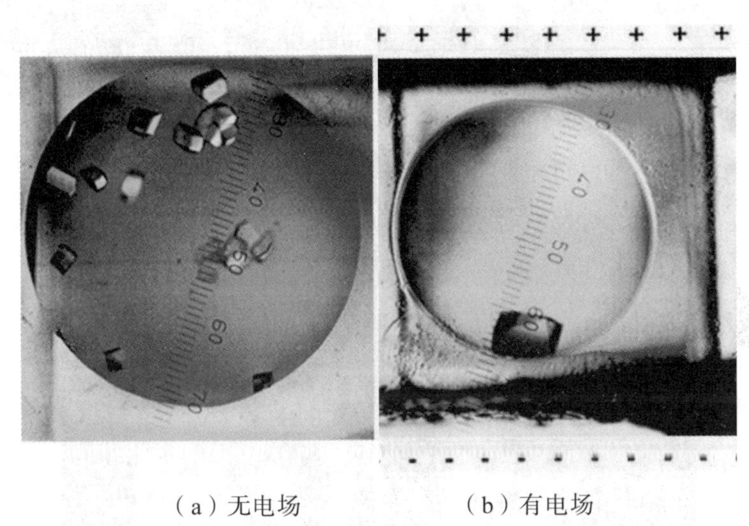

（a）无电场　　（b）有电场

图 1-2　溶菌酶蛋白质在无电场和有电场条件下的晶体

震动对蛋白质结晶来说是一把双刃剑。一方面，震动有利于形成细小的晶核，增大成核速率，缩短蛋白质成核结晶时间，形成大量微晶 [25]。另一方面，在较高浓度的蛋白质溶液中，震动有利于克服蛋白质局部浓度过高而沉淀这一现象，从而使蛋白质较易得到高质量的蛋白质晶体，如图 1-3 所示 [26]。震动类似于对蛋白质溶液进行搅动 [27-28]，尹大川等通过给蛋白质结晶体系引入震动，改变溶液的均一性和过饱和度，提高了晶体质量 [29]。但是震动对于蛋白质结晶也有坏处，一些情况下，震动并不利于形成高质量的蛋白质晶体。所以在传统意义下，为了得到高质量且较大尺寸的蛋白质晶体，结晶过程中会尽量避免震动给蛋白质成核及结晶带来的扰动。

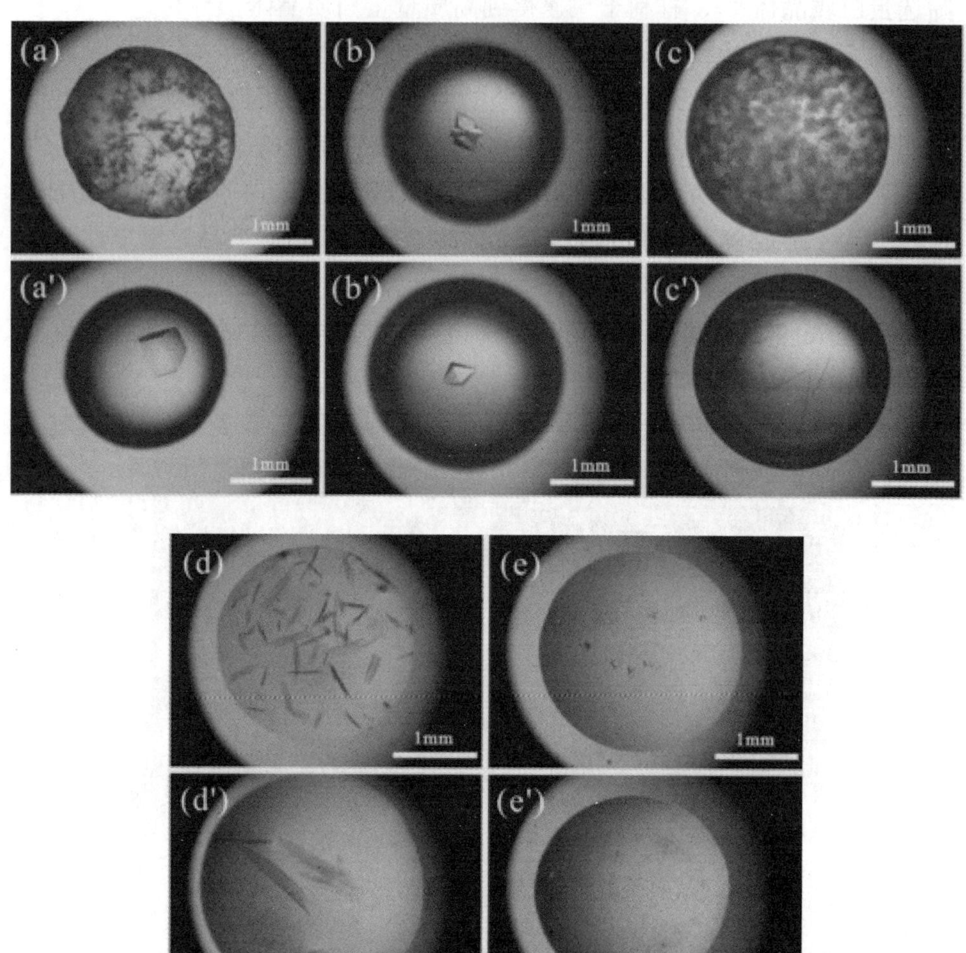

（a），（a′）溶菌酶蛋白质；（b），（b′）蛋白酶；
（c），（c′）胰凝乳蛋白酶原 A II；
（d），（d′）过氧化氢酶蛋白质；（e），（e′）伴刀豆球蛋白 AVI；
（a）~（e）没有震动；（a′）~（e′）有震动

图 1-3　蛋白质溶液较高饱和度时，无震动和有震动情况下，不同蛋白质结晶的图片

声音会影响蛋白质在溶液中的溶解性，因此可以通过对声音的控制来调控蛋白质结晶，尹大川课题组通过研究证明了不同强度和频率的声音对蛋白质结晶有不同的影响，一定频率和强度的声音有利于蛋白质溶液体系的对流和溶液挥发，可以有效提高蛋白质结晶的成功率[30]。另外，科学家于2018年研究了真实世界的各种声音对于蛋白质结晶的影响。实验中采用了日常生活中的20多种声音，例如，音乐、演讲以及环境中的各种声音，结果证明有意应用的声波环境不仅会影响蛋白质结晶，还可以促进蛋白质晶体质量[31]。声音对于蛋白质的影响研究较少，其机理还有待进一步探索。

脉冲激光照射（非热，非破坏性，强烈触发）可以产生更多的晶核，也为一些目标蛋白质的筛选提供了一种有效的方法。此方法用于蛋白质结晶，但是应用较少，主要用于对蛋白质晶体进行接种、分离等操作。通过激光照射可以改变蛋白质分子在溶液中的团簇状态，有利于得到高质量的蛋白质晶体，如图1-4所示[32-34]。超声波会影响蛋白质溶液的过饱和度，可以抑制多晶的形成，有利于形成尺寸分布较均一的蛋白质晶体[35]。超声波也可以促进蛋白质成核[36]，有效减少蛋白质结晶的成核时间，改变晶体的晶型，提高晶体衍射质量[37]。

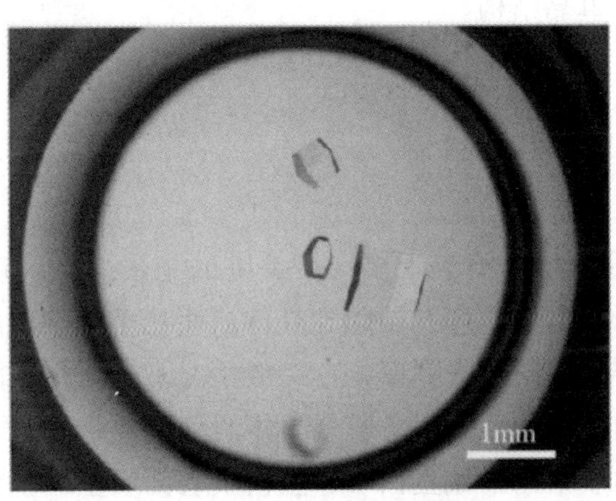

图1-4 溶菌酶蛋白质晶体

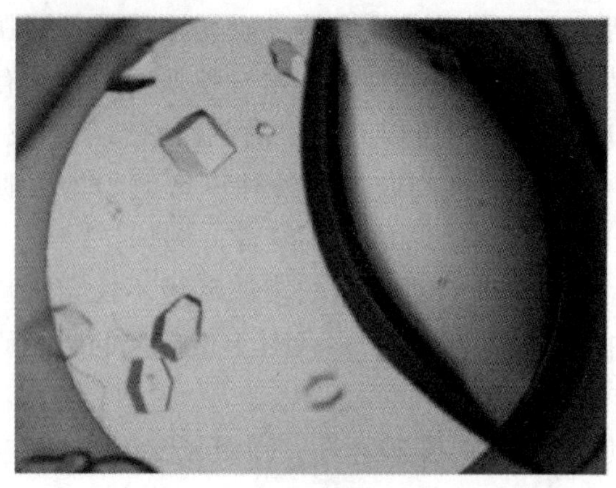

图 1-5 其在超声波条件下的蛋白质晶体

压力对蛋白质结晶影响的相关报道较少，有研究表明压力会对小分子化合物晶体结构产生影响[38-39]。压力可以改变蛋白质结晶的成核数目、晶体形貌。在高压下，化合物分子之间形成更为紧密的堆积，促使蛋白质晶体产生不同的晶型[38]。另外，压力也会通过影响溶液中水分子的状态以及盐的状态间接地作用于蛋白质的结晶过程[40]。可以通过控制压力大小来调节化合物单晶结构。

1.1.2 化学影响因素

影响蛋白质结晶的因素很多，最关键的是蛋白质纯度。由于杂质会干扰蛋白质分子的有序排列，粘附到晶体表面甚至掺杂至晶体内部，导致蛋白质晶体分辨率和质量受到影响。一般情况下，蛋白质的纯度不应低于50%。蛋白质纯度越高，得到高质量晶体的可能性越大。蛋白质分子内存在柔顺环基（如多结构区域蛋白），蛋白质表面发生糖基化、蛋白质易被蛋白酶水解以及蛋白质聚集等一系列因素都会造成蛋白质的不均一性。蛋白质不均一容易影响蛋白质结晶过程和晶体 X 射线衍射结果。通过蛋白质工程改变蛋白质分子结构，有利于蛋白质结晶[41]。例如，通过蛋白质工程去掉糖基化位点的蛋白酶，最终得到高分辨率的晶体[43]。

组成蛋白质的氨基酸含有氨基和羧基，属于两性物质，故酸碱度对于蛋白质溶解度有很大的影响。改变溶液 pH 就会影响蛋白质在溶液中的溶解度和过饱和度，从而影响蛋白质结晶。当溶液的pH在蛋白质的等电点时，蛋白质净电荷为零，溶解度最低，容易沉降。实际上，蛋白质结晶最适pH和蛋白质本身等电点并无直接的联系。在等电点时蛋白质溶解度最小，如果此时溶液离子强度较低，蛋白质较易转化为沉淀。pH会调节蛋白质分子表面的电荷分布情况，因而蛋白质分子与分子之间的静电相互作用力随之改变，这首先会影响蛋白质在溶液中的溶解度，也会对蛋白质成核过程中分子有序堆积产生影响，最终作用于蛋白质结晶[43-44]。不同的pH会影响蛋白质分子结晶生长过程，产生不同形貌、尺寸、晶型的蛋白质晶体。例如，溶菌酶蛋白在较低pH条件下易形成四方晶型，而在较高pH的条件下较易形成单斜晶系[45]。有研究报道通过改变蛋白质结晶过程中的pH来优化蛋白质晶体质量、提高筛选蛋白质晶体的成功率[46-47]。尹大川等通过在结晶过程中加入可挥发性酸来调节蛋白质溶液pH，最终有效提高多种模型蛋白质结晶的成功率[48]。

除了酸碱度影响蛋白质结晶，另一个重要因素就是沉淀剂。蛋白质结晶的沉淀剂大致分为盐类、有机溶剂和聚乙二醇。不同的沉淀剂产生不同的蛋白质分子堆积过程和诱导结晶机理，对蛋白质结晶产生不同的影响[49]。

1. 盐类

蛋白质含有大量带电的氨基和羧基基团，却可以均匀分布在溶液中而非沉淀，这是由于组成蛋白质的带电基团与溶液中的水分子相互作用，使蛋白质周围形成一层水化层。较高介电常数的水分子使带有电荷的蛋白质分子不能相互结合，最终导致蛋白质分子可以均匀分布在水溶液中而非沉淀。加入盐离子之后，随着盐浓度的增高，盐离子之间、蛋白质与盐离子之间会相互争夺水分子，改变蛋白质分子表面水的聚集状态，影响蛋白质溶解度和过饱和度，从而作用于蛋白质结晶。不同离子半径大小与电荷存在差异，其对蛋白质在溶液中的影响有所不同，高电荷、尺寸较小的离子比低电荷、尺寸较大的离子对蛋白质溶解度的影响更大，例如，氯化钠对蛋白质溶解度影响较小，而硫酸镁、柠檬酸钠、硫酸铵、硫酸钠、磷酸钾等对蛋白质溶解性影响依次增大[50]。总而言之，盐离子对于蛋白质溶解性的影响与离子所带电荷、浓度成正比关系。无机盐作为沉淀剂时，在蛋白质表面形成疏水接触面，形成较强的极性环境不利于蛋白质中盐键的形成，因而蛋白质分子在堆积过程中倾向于在非极性区域进行结晶。

2. 有机溶剂

有机溶剂如二甲基-2，4-戊二醇（MPD）、丙酮、乙醇和乙二醇等，通过与水分子形成大量氢键来争夺溶液中的水分子，从而减少蛋白质分子表面的水分子，使蛋白质溶液更易达到其过饱和度而结晶。另外，有机溶剂可以减小水的表面张力，这样更少水分子排布于蛋白质分子之上，同样有利于增加蛋白质溶液局部浓度。有机溶剂的加入也会降低溶液中蛋白质分子与分子之间的静电屏蔽作用，使蛋白质分子更好地相互作用，有利于蛋白质分子有序排列[51]。另外，有机溶剂引起弱极性的溶液环境[50]，这会使蛋白质分子形成多个接触面，增大蛋白质分子之间的接触概率，有利于蛋白质结晶。以上提到的有机溶剂作用相互协调，共同促进蛋白质的结晶。

3. 聚乙二醇

聚乙二醇（PEG）是目前使用较为广泛的沉淀剂之一，常见平均相对分子质量为2 000 ~ 8 000。一般情况下，聚乙二醇相对分子质量越大[52]，用于结晶蛋白质所需的聚乙二醇浓度越小。研究表明不同浓度、分子量的聚乙二醇对蛋白质结晶过程及晶体形貌有不同的作用[53–55]，通过控制聚乙二醇的分子量以及浓度可以调控蛋白质结晶。聚乙二醇通过体积排阻作用[56–58]，减小蛋白质在沉淀剂中的溶解度，从而促进蛋白质结晶。另外，聚乙二醇可以改变原来的溶液状态，降低水的表面张力，促进水合作用力[59]，与水形成复杂的网状结构，一方面使蛋白质表面水分子减少，另一方面产生空间限制作用，有效提高蛋白质溶液局部浓度，增大蛋白质溶液过饱和度，从而有利于蛋白质结晶。此外，柔性分子链聚乙二醇具有限域作用，可以增强蛋白质分子之间的相互作用力，促进蛋白质分子形成较为稳定的构象，同时也提高了蛋白质局部浓度。加入不同浓度的聚乙二醇，可以不同程度地改变溶液黏稠度、干扰蛋白质溶液中的对流性质，从而改变晶核的堆积速率，最终影响晶体形貌及稳定性[60]。聚乙二醇也会使溶液显示弱极性环境，类似于有机溶剂作为沉淀剂作用机制[50]。聚乙二醇和盐作为沉淀剂有共同点，但又有优于盐的特性：聚乙二醇使溶液离子强度最小化，充分促进配体之间相互作用；不参与蛋白质晶体内部结构；作为较低电子密度中介体，聚乙二醇为蛋白质结晶体系提供了较低信噪比背景，不会干扰蛋白质晶体的 X 射线衍射测试。

很多情况下，盐类、有机溶剂和聚乙二醇共同作为沉淀剂来结晶蛋白质，Zheng 等[61]人使用微流控方法，通过分别控制以上 3 种组分的流速，调节 3 种组分的浓度，最终得到最优的蛋白质结晶条件，为高通量筛选蛋白质结晶条件提供了一种有效快捷的方法。

添加剂一般包含：生理或生化相关小分子性质，如辅酶、底物类似物、辅基、金属离子以及抑制剂等；化学保护剂，如二硫苏糖醇（DTT）、β- 巯基乙醇（BME）、重金属螯合剂乙二胺四乙酸（EDTA）和乙二醇双四乙酸（EGTA）、苯酚以及抑制微生物感染的化合物叠氮化钠等；增溶剂和用于膜蛋白结晶的洗涤剂[62]，如季铵盐、磺基甜菜碱和尿素等[63]。在蛋白质结晶过程中加入少量添加剂，如有机物小分子，会影响蛋白质结晶过程，最终改变蛋白质晶体形貌及尺寸。有研究通过蛋白质晶体 X 射线衍射解析证明添加剂促进蛋白质结晶是由于加入的离子或者小分子和蛋白质侧链特定位点有结合作用[64-65]，例如形成盐桥、氢键等。这些作用增强了蛋白质分子之间的作用力，从而促进蛋白质结晶或者改变蛋白质晶体的形貌[66-67]。

1.1.3　物理 - 化学影响因素：异相成核方法

异相成核方法属于物理 - 化学方法，已经被广泛研究并且可以高通量用于蛋白质结晶[68]。成核过程遵循两步成核法：首先形成高浓度的不定型前体，然后通过异相成核剂在前体表面产生晶相[69-70]。在较高过饱和度以及较低温度条件下，临界晶核尺寸较为均一，这样在体系中每一个蛋白质分子都可以成为一个晶种。此时热力学成核能垒为零，并且新晶相形成仅仅受控于团簇生长动力学。这种情况不能仅通过增加蛋白质溶液浓度以及降低温度来实现[71]。前期研究均表明异相成核剂的加入并非降低了蛋白质成核自由能垒，而是通过影响成核速率促进了团簇的有序排列[72]。即异相成核剂如同有机化学反应中的“催化剂”，只是促进蛋白质结晶，并不改变结晶体系所需能垒。但是也有研究推测，异相成核剂是通过降低结晶反应自由能垒来促进蛋白质结晶[73-76]的。最初的异相成核法通过加入晶种或者加入简单常见异相成核剂如动物毛发、矿物质以及纤维等物质来促进蛋白质结晶[77-78]，但无法控制蛋白质结晶，并且无法保证实验重复性。

在结晶体系中加入具有纳米尺度的孔结构材料作为异相成核剂，能够促进蛋白质结晶[79-80]，并且人们试图寻找一种通用孔材料来促进蛋白质结晶[81]。Khurshid 等设计了直径为 2 ~ 10 nm 的多孔生物玻璃 CaO-P_2O_5-SiO_2，成功结晶 14 种蛋白质并将结晶成功率提高了 20%，成为一种商业通用成核剂[79]。首先，蛋白质溶液通过毛细作用进入孔内，进而进行结晶。孔对蛋白质溶液有限域作用，增大蛋白质溶液局部浓度，驱使蛋白质结晶。当孔材料尺寸与蛋白质分子大小相匹配时，可以最大程度促进蛋白质结晶，如图 1-5 所示[82-83]。

Shah 等[84]通过缩小孔径分布促进蛋白质结晶也证实了上述理论。孔材料用于促进结晶的方法也被有效利用到有机小分子结晶体系中，鲍哲南课题组利用孔径为 10 ~ 15 nm 的十八烷基三氯硅烷修饰的表面去结晶不同种类的有机半导体化合物[85-86]。通过理论模拟证明，当孔楔角的大小和晶体的晶格匹配时，蛋白质结晶速率会达到最大，并且可以有效改善蛋白质晶体质量[87-90]。

外延法是指通过引入一个与目标晶体相似的晶格单元获得目标晶体的方法。目前，外延法已经被广泛应用于无机、有机、半导体、蛋白质结晶领域中[91-94]。外加晶核通过晶格匹配和分子间作用力来指导预成核聚集体按照所给定的晶格进行有序排列[92, 95-96]，从而促进结晶。

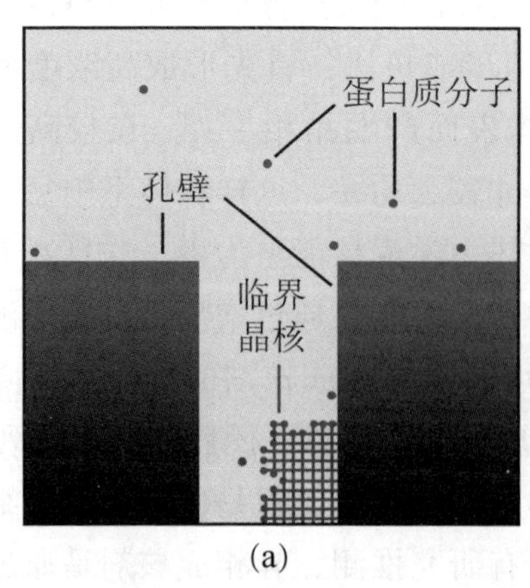

(a)

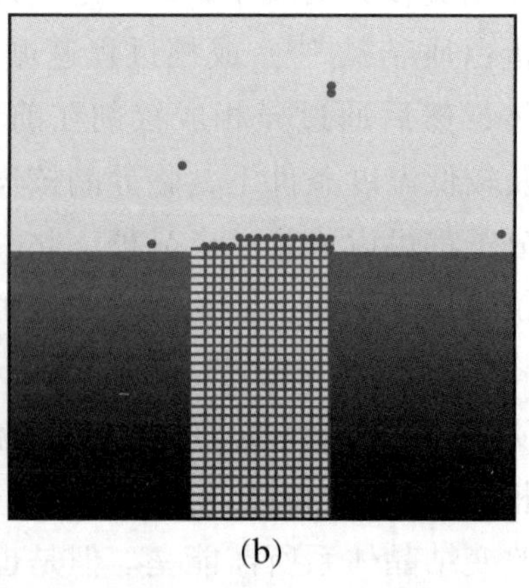

(b)

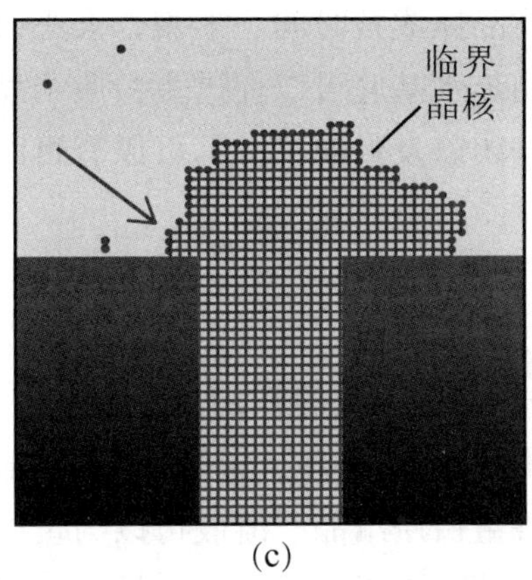

(c)

图 1-5 不同孔径条件下蛋白质堆积状态

表面修饰的化学基团与蛋白质分子之间相互作用会促进蛋白质结晶[97]。当溶液和溶剂极性相同时，在极性作用下溶质分子会吸附在晶核表面。通过检测表面势能，证明蛋白质分子有选择地吸附到表面上，最终促进结晶过程[98-100]。对于有机硅烷修饰的表面，溶质分子通过和高分子表面之间的静电吸引力、疏水作用力、氢键、偶极矩和酸 - 碱相互作用，使蛋白质分子吸附于表面基底之上，提高蛋白质溶液局部浓度，从而促进结晶，如图 1-6 所示[90, 101]。

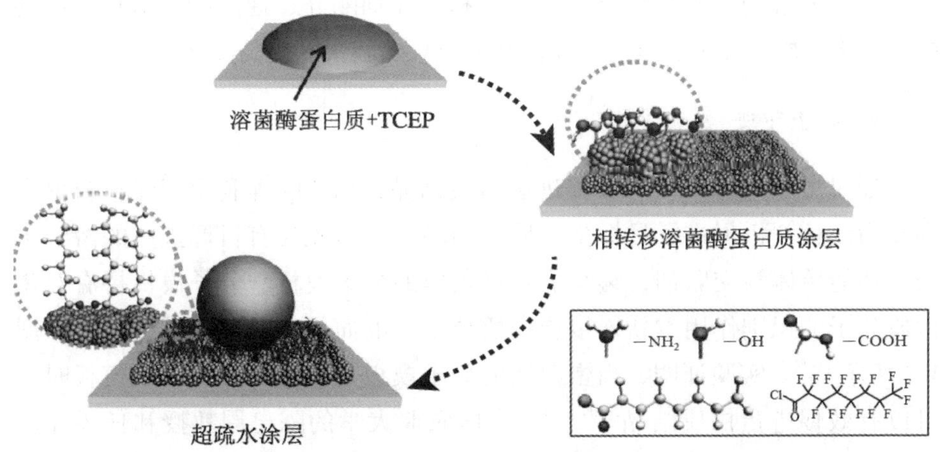

图 1-6 在修饰化学基团的表面上结晶溶菌酶蛋白质

表面形貌和表面化学均会对蛋白质结晶有一定影响。Delmas 等通过在不同尺寸的二氧化硅颗粒表面修饰不同化学基团，证明表面形貌以及表面化学相结合对蛋白质晶体成核时间、形貌、大小以及成核数量均有一定的影响，并且研究表明疏水基底可以促进蛋白质结晶。另外，通过控制二氧化硅颗粒表面化学基团以及颗粒尺寸，可以有目的地控制晶体成核及生长[102]。

1. 凝胶

凝胶在有机小分子结晶领域的作用十分显著，通过使用凝胶能够有效提高有机小分子晶体质量以及增大晶体尺寸。Robert 等[103]在 1988 年首次提出通过凝胶促进蛋白质结晶。凝胶可以为蛋白质结晶体系提供一个几乎无对流的环境，有效减少蛋白质沉降、异相成核以及多晶生成，控制蛋白质晶体成核数目，提高蛋白质晶体质量[104–106]。

常用于蛋白质结晶的凝胶包括聚丙烯酰胺、琼脂糖和二氧化硅凝胶。由于二氧化硅凝胶较为稳定，不易和体系中分子发生反应，在大分子结晶领域应用广泛。在凝胶存在的条件下，凝胶包裹的蛋白质分子弥散于沉淀剂之中，晶体成核及生长速率减缓，晶体数量减少、晶体临界尺寸增大，有利于蛋白质晶体结构解析。

晶体可以直接生长在凝胶体系中，但是很难在石英皿及毛细管中实施此方法。由于凝胶本身较软，可以利用凝胶这一性质间接促进蛋白质结晶。研究者曾利用凝胶将蛋白质溶液和沉淀剂隔开，通过凝胶减慢沉淀剂扩散至蛋白质溶液中的速率，促使其形成尺寸较大的完美晶体[107]。

2. 分子印迹

通过分子印迹可以有效促进蛋白质结晶，Reddy 等利用智能材料聚合物作为成核剂，促进了目标蛋白质的结晶。实验先在有目标蛋白的溶液中加入功能单体与交联剂，编织成目标蛋白的分子模板。分子模板持有对蛋白质分子的识别作用重新连接蛋白质分子，继而促使该蛋白质结晶，如图 1-7 所示[108]。实验证明，当蛋白质的分子模板是相应目标蛋白质模板时，可以有效促进蛋白质结晶[109-110]。中国农业大学的陈忠周教授和任雪芹教授通过使用此方法，另外辅助添加良性添加剂，将人体极为重要且不易结晶的 X mental retardation 蛋白质成功结晶[111]。

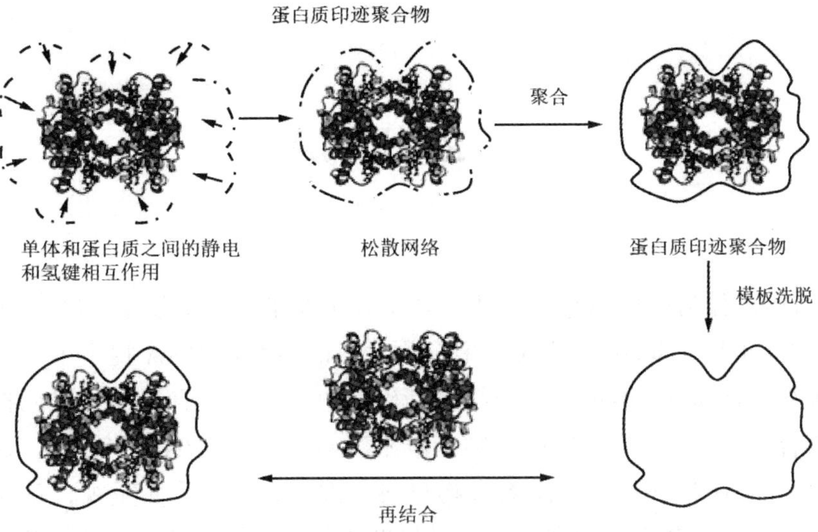

图 1-7 通过分子印迹结晶蛋白质

1.2 DNA

DNA 作为遗传信息的载体，其研究主要集中在生物学范畴。直到 20 世纪 80 年代，Seeman 等人从聚合物材料的角度对 DNA 提出了一个全新的概念，他认为 DNA 是一类结构精确、组成确定而且形貌可以调控的线型聚合物，从此“结构 DNA 纳米技术”新领域便诞生了[112，113]。自此，DNA 分子作为一种新型的聚合物材料，被广大科学家所重视，从仅在生物领域探索生命起源的密码成为材料界和化学界的新星，并且逐渐实现了其在药物传输以及功能性器件等领域的新功能。

1.2.1 DNA 简述

DNA 作为一类结构精确确定的纳米材料，其二级结构的双螺旋直径和周期都具有精准的纳米尺寸。例如，DNA 双螺旋分子的平均直径为 2 nm，绕中心轴每旋转一周包含 10.4 个核苷酸，双螺旋结构的螺距为 3.4 nm；另外 DNA 具有特异性碱基识别能力以及序列的可编程性，源于在 DNA 分子一级结构中，包含常见的 4 种碱基，有腺嘌呤（A）、胸腺嘧啶（T）、胞嘧啶（C）和鸟嘌呤（G），其中 A 与 T、C 与 G 能通过氢键特异性互补配对，如图 1-8 所示。通过 DNA 精确碱基互补配对，可以设计不同的单链 DNA 相互结合，利用这一点，即 DNA 纳米结构材料自组装的前提基础，就可以提前预测最终整个组装体的结构与形状，设计不同的 DNA 序列，达到合成相应 DNA 纳米结构的目的。目前，大批量生产的 DNA 已经企业化，人们可以通过购买获得相应的 DNA 链，有效开展 DNA 构筑纳米材料的研究。

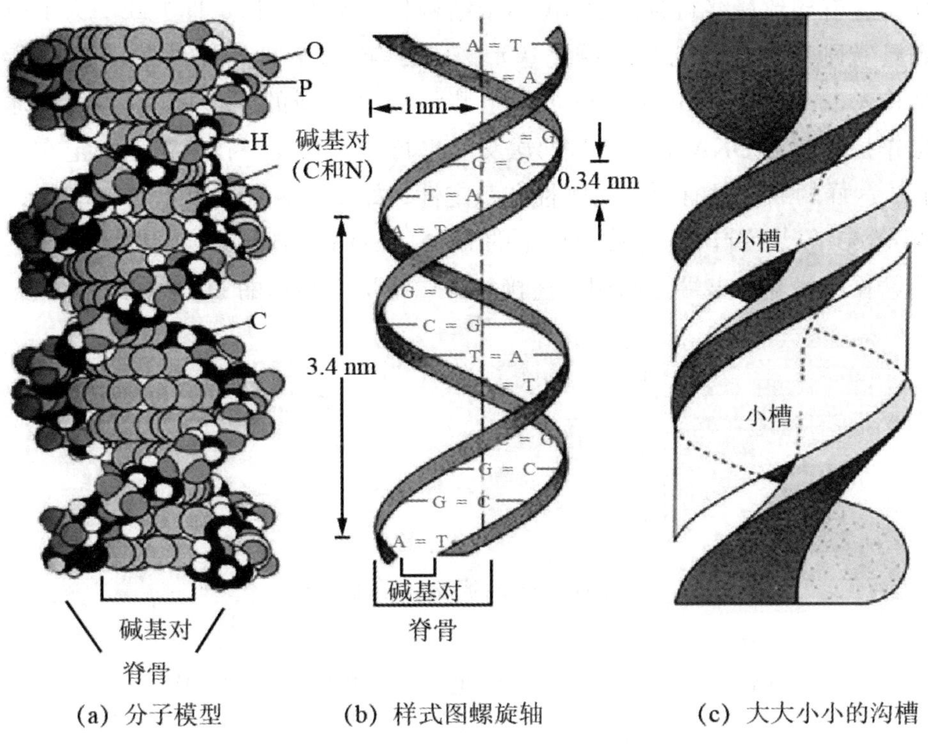

(a) 分子模型 (b) 样式图螺旋轴 (c) 大大小小的沟槽

图 1-8 DNA 碱基互补配对及 DNA 双螺旋结构示意图

1.2.2 DNA 纳米技术

基于 DNA 以上特殊性质，经过近三十年的努力，DNA 作为一种新型构筑单元，通过分子黏性末端互补配对可拼接出一维、二维和三维，甚至带有曲率的 DNA 纳米结构。根据研究进展时期以及发展程度的不同，通过 DNA 互补配对和 DNA 自组装技术制备具有一定结构的 DNA 自组装体主要包含两种基本途径，即 DNA 模块化组装法和 DNA 折纸术。其中，DNA 模块化组装就是通过精确设计 DNA 的序列，先获得较小的 DNA 组装模块结构，再将这些模块 DNA 的黏性末端通过碱基互补配对组装在一起，最终得到预期的、结构精确、较复杂的 DNA 组装体。在最初的研究中，科学家均通过单交叉的模块组装构建 DNA 组装结构，如图 1-9（a）所示，但是单交叉结构的模块组装在十字分叉点处不稳定，具有较大的柔性，这就导致最终得到的DNA纳米结构具有柔性，稳定性欠缺。为了得到具有刚性且稳定的组装模块基元，1993年，Fu等人提出DNA双交叉结构（double crossover，DX）的组装结构这一新的结构概念[114]，具体操作是将两对DNA双链通过两次交叉平行或交叉反平行稳定地绑定在一起，这样的结构具有更高的刚性和稳定性，如图1-9（b）所示。1998年，Winfree等[115]首次利用较为稳定的DAE和DAO结构的组装模块基元，通过在模块基元末端之间相互连接获得二维平面结构的DNA自组装体。

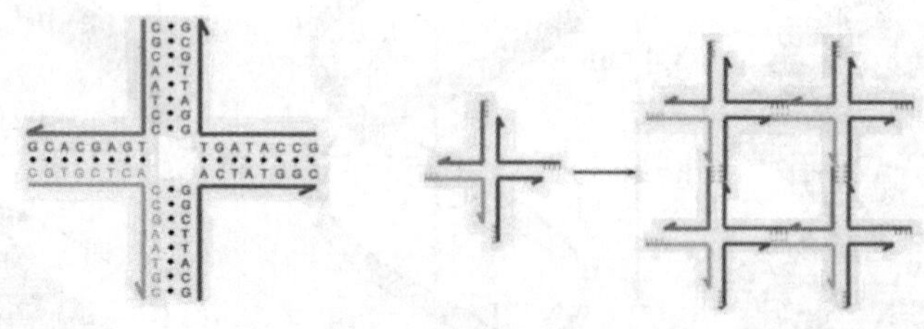

（a）四臂分支的Holliday联接体

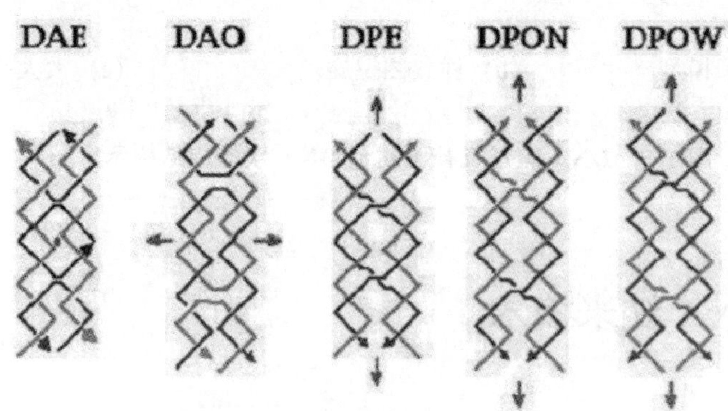

（b）5种double-crossover结构

图1-9　DNA瓦片示意图

继DNA双交叉结构之后，颜灏等开发出了更为稳定、刚性、复杂的十字形、三角形及六边形的DNA瓦片结构[116-122]，如图1-10（a）所示。在此基础上，1999年，普渡大学的毛承德团队报道了另外一种能够提高DNA纳米组装结构刚性的研究方法。他们将4条DNA双链两两通过单交叉结构围成了一个封闭的菱形模块，构筑了孔尺寸大小可调解的网格结构。值得一提的是，他们又在DNA瓦片末端引入Teohold链段，通过链置换反应实现不同的DNA模块之间的结构互变[123-127]，这一研究引起了广大科学家的极大关注，如图 1-10（b）所示。

（a）十字形、三角形及六边形的 DNA tile 结构

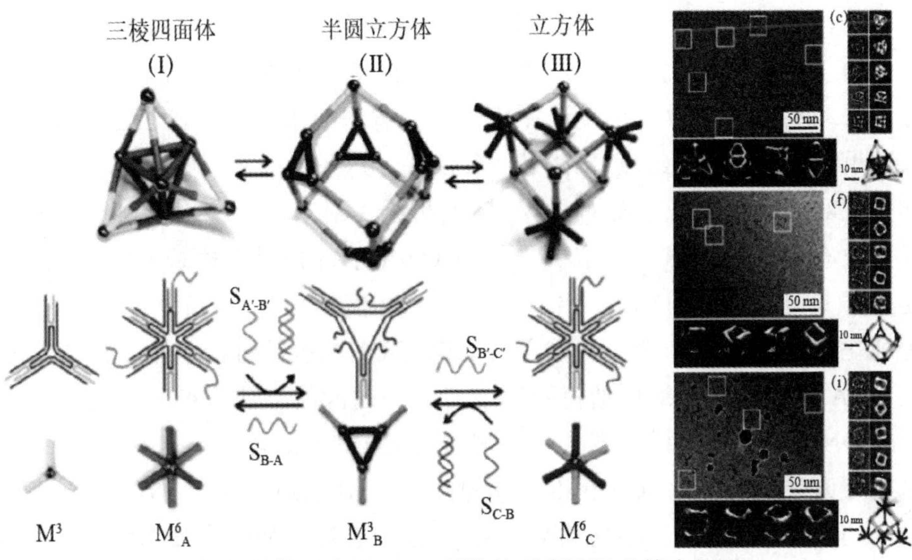

（b）结构互变的 DNA 组装体示意图及电镜表征图

图 1-10　复杂 DNA tile 及组装体示意图

图 1-10 所示模块化组装方法有其明显的局限性。首先，对于模块组装的设计过程并不容易，较为繁杂。由于这种方法在 DNA 序列设计过程中要求尽量避免出现在预先设计的 DNA 组装体之外的其他二级结构，比如组装体之间的连接，因此其设计过程较为复杂，不易掌握。其次，此方法并非方便实用，这是由于其对参与投料的单链 DNA 的纯度以及比例都有着严格的要求，因为只有这样才能保证最终产物的纯度。最后，模块组装这一方法产率令人担忧，因为模块化组装法并非只有投料参与反应，而是需要多个步骤的组装以及每步组装之后的纯化过程。例如，通过模块组

装法预先得到模块组装基元，模块组装基元经过纯化以后，按照一定比例进行混合，然后进一步组装才能得到最终的DNA组装体。总的来说，模块组装法设计过程复杂、合成步骤烦琐、实际产率低下。

直到2006年，Rothemund等提出了DNA折纸技术（DNA origami），这是DNA自组装领域的一项重大突破，如图1-11所示[128]。DNA折纸术是通过一条长的、含有上千个碱基的单链DNA作为模板链，上百条与这个模板链的每一个小片段可以互补配对的短的单链DNA作为铆钉链（staple strand），通过退火步骤将上百条铆钉链与模板链配对结合，最终得到有结构的二维或三维的DNA纳米结构。这种方法具有模块化组装法所没有的优点。①序列设计简易，无须严格避免序列对称性，设计过程由于可以使用较为完善的设计DNA折纸的软件Cadnano，碱基序列可以自动利用这一软件来设计完成；②此方法对参与组装的模板DNA链以及铆钉DNA链的纯度、浓度要求较低，这是由于DNA可以通过碱基互补配对原则精确识别配对；③DNA折纸术对于模板链以及铆钉链的投料比没有严格的要求，一般要求铆钉DNA单链相对于模板DNA主链浓度过量即可，例如过量5倍、10倍或20倍，使主链充分反应即可；④纯化步骤简易，经化学合成之后的铆钉DNA短链直接应用一锅法与模板DNA长链反应，最后通过跑胶或者离心超滤的方法去掉未反应的、过量的DNA短链，这样就省去了很多烦琐的DNA纯化步骤；⑤基于DNA精确可设计的碱基序列和精准的碱基互补配对原则，DNA折纸术制备的DNA组装体中的每条序列均是可寻址的，这就有利于实现DNA组装体作为一种材料更为广泛的功能化应用。

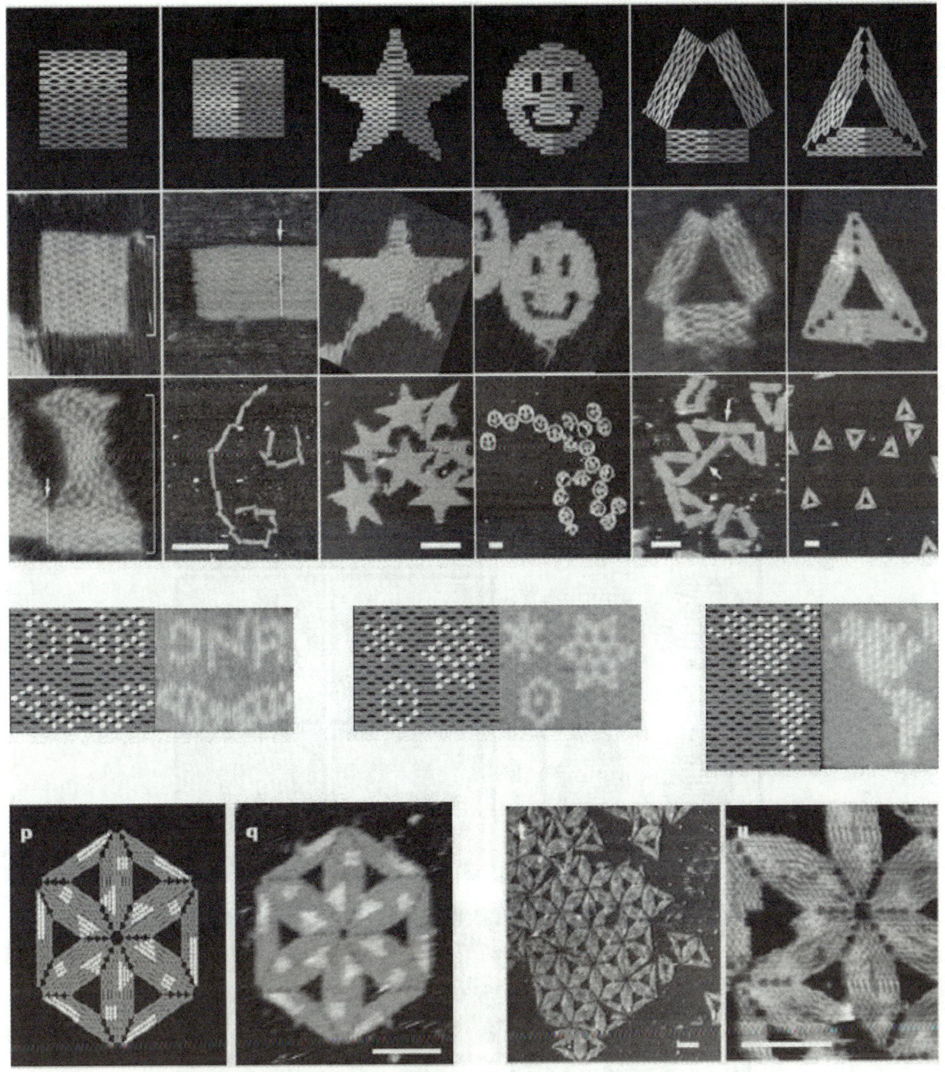

图 1-11 DNA 折纸结构示意图及其原子力显微镜表征图（同图案第一张为折纸）

DNA 折纸术的诞生，引起了科学界的广泛关注，人们通过 DNA 折纸技术设计出更多不对称的二维结构图形。例如中国科学家钱璐璐设计合成的 DNA 纳米中国地图[129]，以及奥胡斯大学的海豚校徽也被 Andersen 等人用 DNA 纳米技术设计合成为纳米[illegible]图案等[130]。随后，三维的 DNA 折纸逐渐被开[illegible]sen 课题组利用功能强大的 DNA 折纸术构[illegible]其中立方体的每个面均由 DNA 折纸平[illegible]过边缘的订书钉链互补配对而成，更智能的是该立方体一个面可以通过链置换反应可逆地打开和关闭[131]。随即柯永刚课题组进一步仅利用模板链和成核链一体化成功地构建了 DNA 折纸空心四面体[132]。随着 DNA 折纸术的发展，颜灏等发明了具有曲率的三维 DNA 折纸结构，通过 DNA 折纸术设计出了极具艺术感三维的花瓶形状 DNA 纳米结构，如图 1-12 所示[133]。通过精准可控的 DNA 折纸技术，研究者们可以在纳米尺度上精确设计不同的 DNA 纳米结构材料，并且将其用于药物传输、纳米功能化学材料、纳米可控生物材料等领域[134-136]。

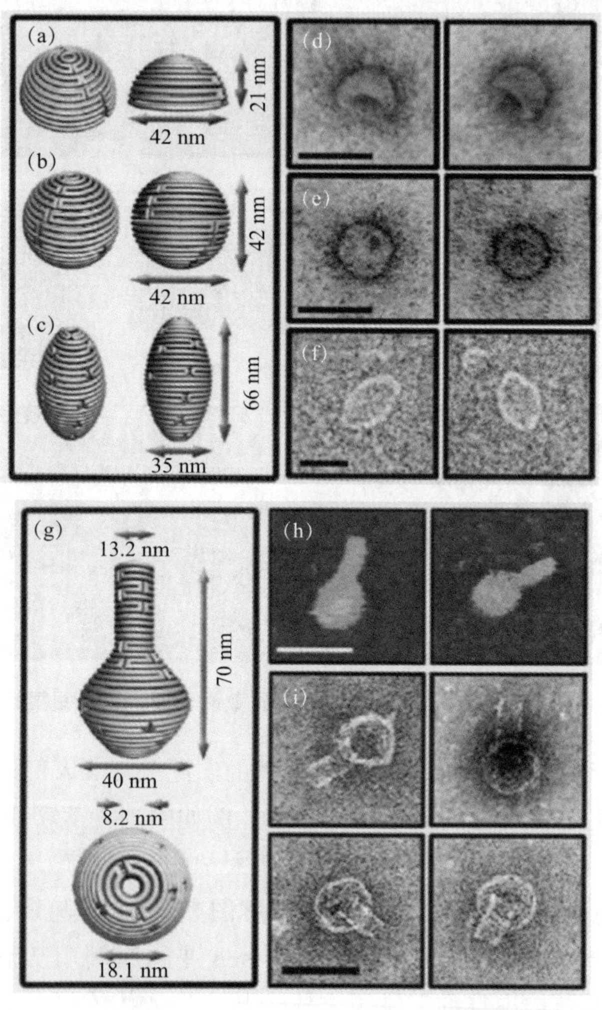

图 1-12　含有曲率的三维 DNA 折纸结构示意图及其表征

2012年，尹鹏等人开发了一种全新的、可构建更为复杂结构的DNA“积木”，他们先精确设计短链DNA（是一个包含52个核苷酸的DNA单元，就像是一个玩具乐高积木）为模块的较小的结构基元，再利用这些小的“积木”搭建组装出不同的二维和三维DNA结构。他们设计了A–Z不同的DNA折纸乐高结构，如图1-13所示[137–139]。其设计初衷就是建立一个DNA“积木”库，人们可以在这个库中找出所需要的DNA基元，利用搭积木的方法搭建一个DNA结构。这种将每一个短链作为一个基元，如乐高积木一般搭建纳米结构的技术，使DNA自组装在纳米技术领域达到了一个全新的高度。

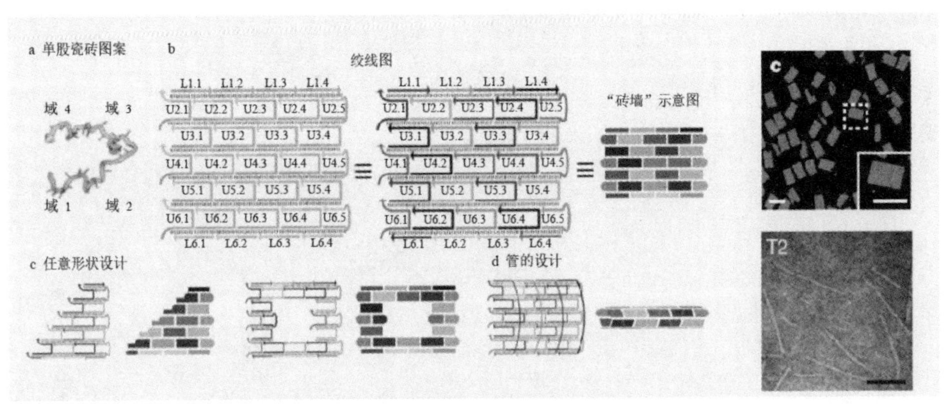

（a）单股瓷砖

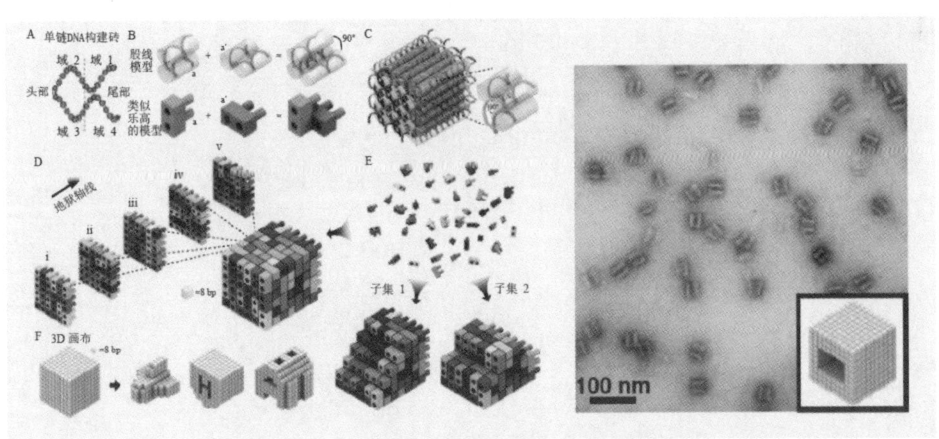

（b）三维组装体

图1-13 短链DNA模块自组装形成三维组装体示意图及电镜表征图

总之，与模块化自组装方法相比，DNA折纸术对反应物的纯度、浓度要求条件较低，结构设计和实验操作简单易行，得到的产物纯度较高，同时也可以构造出更加精细、准确、可控、复杂的纳米材料，利用其可寻址性可以修饰功能性基团，应用于实际问题。DNA折纸技术使可应用材料的尺寸极大地缩小至纳米级数量，这对于材料领域具有里程碑式的意义。

1.3 课题提出

蛋白质成核与结晶在解析蛋白质结构基础研究以及蛋白质分离药物应用中发挥着重要作用。但是由于蛋白质本身结构的复杂性以及结晶过程中极易受周围环境的影响，多数蛋白质晶体仍然很难得到。科学家称蛋白质结晶不仅仅是科学，更是一种艺术。通过不同的材料与方法对蛋白质进行结晶已有不计其数的报道。对于促进蛋白质结晶的方法，最初将作为异相成核剂的动物毛发置入蛋白质结晶溶液中促进蛋白质结晶，但是此种方法难以控制成核剂化学及物理性质的均一性。随后科学家逐渐发展了利用化学表面、多孔结构材料等方法结晶蛋白质。如何发展较为有效的成核剂以及科学地探究其促进蛋白质结晶的机理，仍然是蛋白质结晶领域的一大瓶颈所在。

随着各种软材料以及化学修饰的应用，目前基于纳米技术的发展，通过设计不同的材料，可以在纳米尺度上引发蛋白质成核及结晶。Seeman等人提出通过DNA框架结晶蛋白质，虽然DNA框架并未成功结晶蛋白质，但是他们通过设计不同的DNA排列自组装结晶DNA[140–144]。另外，Seeman等人也提出了将DNA作为聚合物材料，自此在DNA上修饰不同的功能性分子已被广泛应用[112，145–147]。至今，DNA作为聚合物并未被用于蛋白质结晶中。同时，DNA良好的生物兼容性以及近年来迅速发展的DNA折纸结构展示出优于传统三维模板的特性：精确设计性，尺寸单一，纳米尺度连续可调，可定点定位修饰有机、无机以及生物官能团等。

基于未有DNA作为高分子聚合物材料促进蛋白质结晶的工作报告，以及以往所用成核剂尺寸具有分散性，且难以在纳米尺度进行精确控制，限制了蛋白质结晶过程的准确性以及蛋白质结晶的机理研究等因素。在本研究中，我们首次提出通过DNA和DNA折纸来促进蛋白质结晶这一方法，以期提高蛋白质结晶效率，探究成核剂促进蛋白质结晶的机理。本研究开展了如下3部分工作。

第一部分工作是将廉价的、可大宗生产的DNA作为高分子聚合物材料促进蛋白质结晶。利用不同分子量DNA提高蛋白质结晶的成功率、缩短结晶时间，并且系统地研究不同分子量的DNA对蛋白质结晶的影响。

第二部分工作是利用DNA折纸结构促进蛋白质的成核与结晶。通过调控DNA折纸结构的形状和尺寸促进蛋白质结晶，并且借助DNA折纸结构精确、可调控，深入研究尺寸效应与蛋白结晶的关系和内在机理。

第三部分工作是在DNA折纸上精确定位蛋白质，为难结晶蛋白质的结晶提供研究基础。首先将小分子固定在DNA折纸上，再通过蛋白质和小分子之间的特异性作用将蛋白质锚定于DNA折纸上，以期提高蛋白质分子构象稳定性，增大蛋白质局部浓度，为蛋白质结晶提供一种新的研究思路。

第2章

DNA 作为聚合物材料促进蛋白质结晶

2.1 本章引言

蛋白质结构解析对于生命体的研究与疾病治疗起着至关重要的作用，蛋白质晶体库中的大部分蛋白质结构是通过X射线衍射蛋白质晶体得到的。但是蛋白质的成核与晶体生长对于环境极其敏感，异相成核剂的加入对蛋白质的结晶有一定的促进作用。

DNA作为生命密码已经被研究了很长一段时间，直到20世纪80年代初，Seeman等人首次提出DNA可以被用作聚合物材料。DNA分子具有特殊的性质，包括精确识别，序列可以通过编程设计成不同种类的纳米结构，如DNA折纸。DNA结构的独特性引起了科学界的广泛关注，并在材料科学、生物医学、医药等领域显示出广阔的应用前景。但是，目前尚未有DNA作为成核剂促进蛋白质结晶的相关报道。DNA作为一种长链聚合物，在溶液中具有明显的体积排阻作用、竞争水的作用、影响水的表面张力以及改变溶液黏度等特性。可见，DNA有着潜在的影响蛋白质结晶的基本特征。

本章中，我们首次利用DNA作为成核剂来促进蛋白质结晶。在实验中选用分子量不同的、可以大宗生产的廉价DNA：鲱鱼精DNA、鲑鱼精DNA、小牛胸腺DNA。通过观察蛋白质结晶成功率、结晶所需时间、晶体形貌及数目，研究不同分子量的DNA对溶菌酶蛋白质结晶的影响。

2.2　实验部分

2.2.1　试剂与材料

鉴于 DNA 提取过程不同，我们将于 Sigma 试剂公司购买的 DNA 分为含钠与不含钠两种。其中鲱鱼精 DNA 有两种：鲱鱼精 DNA（herring DNA，货号 D3159）、含钠鲱鱼精 DNA（herring DNA Na，货号 D6898）；另外两种 DNA 只有含钠的产品，分别为：含钠鲑鱼精 DNA（salmon DNA Na，货号 D1626）、含钠小牛胸腺 DNA（calf DNA Na，货号 D1501）。溶菌酶蛋白质（lysozyme，货号 L4919）、酶活性测试盒（LY0100-1KT）均购买于 Sigma 试剂公司，醋酸钠（NaAc）、氯化钠（NaCl）购买于国药集团，醋酸（HAc）购买于天津光复试剂公司，结晶 24 孔板以及硅化玻片购买于北京泰诺鑫源科技有限公司。

缓冲液（用于溶解蛋白质）：0.05 mol/L 醋酸钠（NaAc），pH = 4.6。

沉淀剂：1.0 mol/L 氯化钠（NaCl），0.05 mol/L 醋酸钠（NaAc），pH = 4.6。

2.2.2　仪器

本实验所用仪器信息如表 2-1 所示。

表 2-1　实验仪器及其所属公司

实验仪器	生产厂家
掌上离心机	北京大龙仪器公司

续表

实验仪器	生产厂家
天平	梅特勒 - 托利多仪器有限公司
纯水仪	密理博中国有限公司
pH 计（Inlab @Micro）	梅特勒 - 托利多仪器有限公司
数码体式显微镜（SZM-7045T4）	重庆留辉科技有限公司
恒温培养箱（MD5-02）	Molecular Dimensions Limited 公司
滴胶仪（AD-982）	藤原公司
凝胶成像仪（212 PRO）	柯达公司
酶标仪	BioTek Instruments
大分子单晶衍射仪	德国 Brukür 公司
电动电势分析仪	马尔文

2.2.3 实验过程

需要配置蛋白质溶液浓度：2.5 mg/mL、5.0 mg/mL、7.5 mg/mL、10 mg/mL。蛋白质溶液需要现配现用。用天平称量适量的蛋白质粉末，溶于 0.05 mol/L 醋酸钠（pH=4.6）缓冲液中，离心震荡 3 次至蛋白质溶解。再用 0.22 μm 的水系过滤器过滤蛋白质。将准备好的蛋白质置于 4 ℃冰箱中备用。

需要配置不同浓度的 4 种 DNA 溶液：鲱鱼精 DNA、含钠鲱鱼精 DNA、含钠鲑鱼精 DNA（0 mg/mL、2.5 mg/mL、5.0 mg/mL、10 mg/mL、15 mg/mL、20 mg/mL）、含钠小牛胸腺 DNA（0 mg/mL、0.1 mg/mL、0.5 mg/mL、1.0 mg/mL、2.5 mg/mL、5.0 mg/mL）。

每种 DNA 浓度上限取决于此种 DNA 在沉淀剂中的溶解度以及黏度。黏度太大不利于之后的结晶点板操作。含钠小牛胸腺 DNA 与其余 3 种 DNA 的浓度不同，由于含钠小牛胸腺 DNA 浓度达到 5.0 mg/mL 时，就十分黏稠，因此将 5.0 mg/mL 选为含钠小牛胸腺 DNA 的浓度上限。

用天平称量 DNA，溶解于沉淀剂 1.0 mol/L 氯化钠、0.05 mol/L 醋酸钠（pH=4.6）中，静置过夜溶解，再用 0.22 μm 的水系过滤器过滤 DNA 溶液。将准备好的 DNA 溶液置于 4 ℃ 冰箱中备用。

将鲱鱼精 DNA、含钠鲱鱼精 DNA、含钠鲑鱼精 DNA、含钠小牛胸腺 DNA 分别溶于水中，配置成 1.0 mg/mL 的 DNA 溶液待测。实验中所用为 1% 琼脂糖凝胶，配置换用缓冲液 1×TAE-Mg^{2+}，电泳中电压为 10 V/cm，温度为 4 ℃。1 h 电泳后利用凝胶成像仪紫外光拍照。

使用悬滴法（hanging drop），调整鲱鱼精 DNA，含钠鲱鱼精 DNA，含钠鲑鱼精 DNA 浓度分别为 0 mg/mL、2.5 mg/mL、5.0 mg/mL、10 mg/mL、15 mg/mL、20 mg/mL，含钠小牛胸腺 DNA 浓度为 0 mg/mL、0.1 mg/mL、0.5 mg/mL、1.0 mg/mL、2.5 mg/mL、5.0 mg/mL。

在结晶池中加入 300 μL 沉淀剂，实验组中硅化破片的液滴由 1.5 μL 蛋白质溶液和 1.5 μL 含 DNA 的沉淀剂组成。对照组中硅化玻片上的液滴由 1.5 μL 的蛋白质溶液和 1.5 μL 相应结晶池中的沉淀剂组成。结束操作将 24 孔板置于 4℃ 恒温结晶箱。每批次实验重复 48 次，一共做 3 个批次，即每个实验条件重复 144 次。用光学显微镜拍照记录 8 d，并统计其结晶成功率，即含有晶体的液滴数目与总液滴数目（48 个）的百分比。

蛋白质浓度为 20 mg/mL，分别加入 5.0 mg/mL 的鲱鱼精 DNA，含钠鲱鱼精 DNA，含钠鲑鱼精 DNA，含钠小牛胸腺 DNA，对照组为未加 DNA 的 20 mg/mL 蛋白质。蛋白质结晶第二天，得到 4 种不同 DNA 促进结晶的蛋白质晶体以及对照组蛋白质晶体（未加 DNA）。用环区捞同等质量的以上 5 种晶体，再将晶体溶解作为酶活性测试的对象。

酶活性测试准备：蛋白质粉末（Powder）、蛋白质晶体（不含 DNA，Blank）、鲱鱼精 DNA 促进的蛋白质晶体（herring DNA）、含钠鲱鱼精 DNA 促进的蛋白质晶体（herring DNA Na）、含钠鲑鱼精 DNA 促进的蛋白质晶体（salmon DNA Na）、含钠小牛胸腺 DNA 促进的蛋白质晶体（calf DNA Na）。

将以上 6 组分别用测试盒中的反应缓冲液（reaction buffer）溶解至 0.01 mg/mL。再分别加入 330 μL 细胞悬浮液至 6 个测试池中，25 ℃ 时至 A450 处吸光度稳定。分别在 1 ~ 6 号测试池中加入 12 μL 以上 6 组 0.01 mg/mL 蛋白质溶液。重复 3 次，收集并处理数据。

2.3 结果与讨论

2.3.1 DNA 分子量表征

本研究通过1%琼脂糖凝胶电泳表征鲱鱼精DNA、含钠鲱鱼精DNA、含钠鲑鱼精DNA、含钠小牛胸腺DNA，如图2-1和图2-2所示。实验证明鲱鱼精DNA分子量约为50碱基对（basepsir，bp）（均一性良好，分子量实际测试与Sigma官方信息相符），含钠鲱鱼精DNA分子量约为100 bp，含钠鲑鱼精DNA分子量约为1 000 bp，含钠小牛胸腺DNA分子量约为15 000 bp。

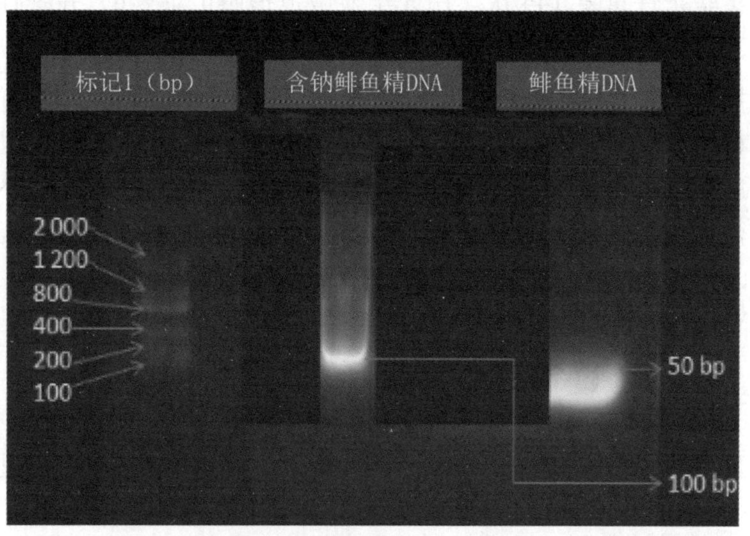

图2-1　1%琼脂糖凝胶电泳检测含钠鲱鱼精DNA和鲱鱼精DNA

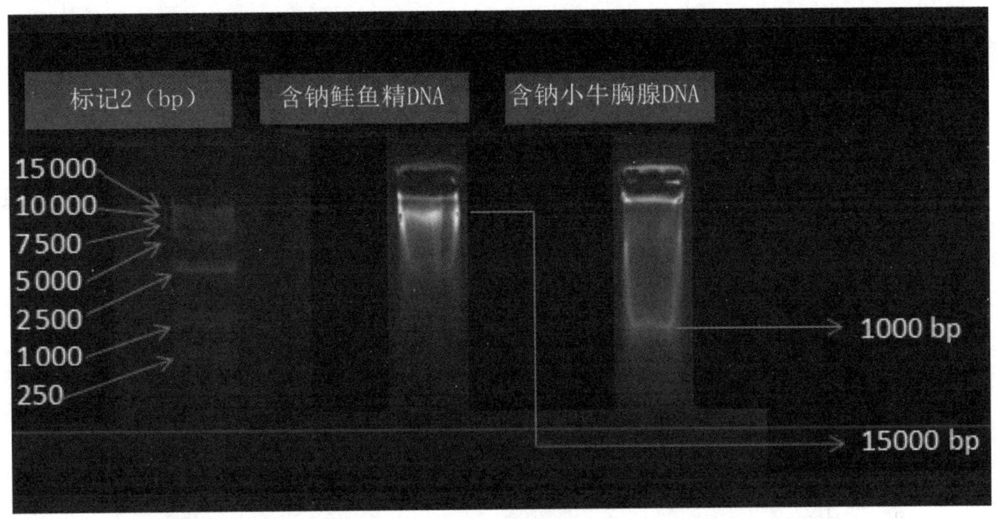

图 2-2　1% 琼脂糖凝胶电泳检测含钠鲑鱼精 DNA 和含钠小牛胸腺 DNA

2.3.2　鲱鱼精 DNA

本节中所用的鲱鱼精 DNA 有两种，由于其分离提纯过程不同，分别为不含钠的鲱鱼精 DNA（分子量约为 50 bp）和含钠鲱鱼精 DNA（分子量约为 100 bp）。

2.3.2.1 不含钠鲱鱼精 DNA

1. 蛋白质结晶成功率

蛋白质浓度为 2.5 mg/mL 时，分别加入 0 mg/mL、2.5 mg/mL、5.0 mg/mL、10 mg/mL、15 mg/mL、20 mg/mL 鲱鱼精 DNA 的蛋白质结晶成功率（4 ℃，连续观察 7 d）如图 2-3 所示。当蛋白质浓度为 2.5 mg/mL 时，加入不同浓度的鲱鱼精 DNA 对蛋白质结晶成功率有不同的促进作用。未加入鲱鱼精 DNA 时，蛋白质结晶成功率几乎为 0。也就是说，当蛋白质浓度低至 2.5 mg/mL 时根本无法结晶。当加入 2.5 mg/mL 的鲱鱼精 DNA 时，蛋白质的结晶成功率在第七天时达到约 7%。当体系中加入 10 mg/mL 鲱鱼精 DNA 时，蛋白质于第二天就开始结晶。与前期科学家的探索相比较，我们的方法极大地降低了蛋白质所需的结晶浓度[148]。对于极其难得到而又少量的珍贵蛋白质，此方法具有重要的意义。当蛋白质浓度为2.5 mg/mL时，并非加入越多的鲱鱼精DNA越会促进蛋白质结晶。此结果说明鲱鱼精DNA对于此浓度的蛋白质促进的极限浓度，即10 mg/mL；当鲱鱼精DNA浓度再升高时，对于蛋白质的结晶作用反而没有进一步提升。

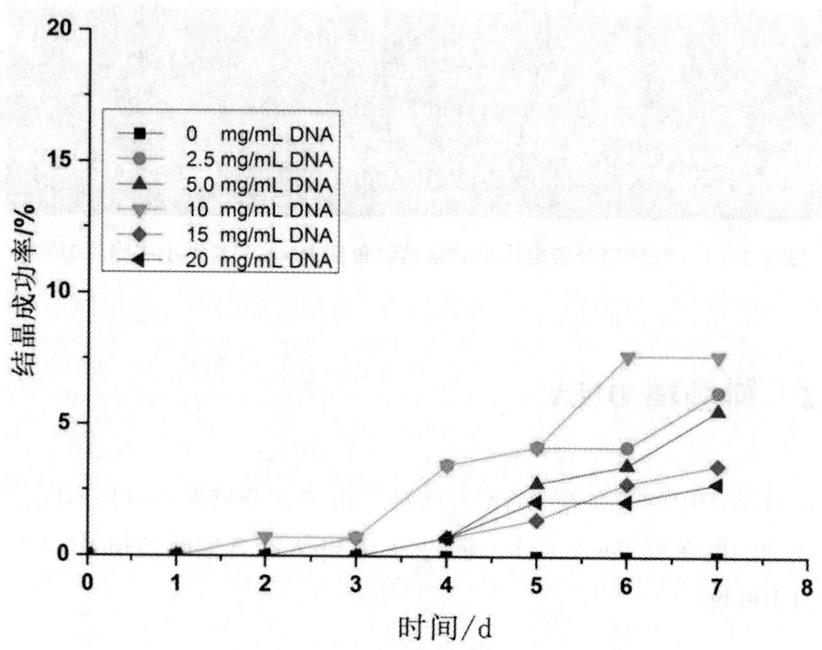

图 2-3　蛋白质浓度：2.5 mg/mL

蛋白质浓度为5.0 mg/mL时，分别加入0 mg/mL、2.5 mg/mL、5.0 mg/mL、10 mg/mL、15 mg/mL、20 mg/mL鲱鱼精DNA的蛋白质结晶成功率（4 ℃，连续观察7 d）如图2-4所示。当蛋白质浓度为5.0 mg/mL时，加入不同浓度的鲱鱼精DNA对蛋白质结晶有不同的促进作用。当体系中只有蛋白质时，结晶成功率仅为不到20%。当鲱鱼精DNA浓度为10 mg/mL时，蛋白质的结晶成功率已经达到90%，相比空白组结晶成功率提高了3倍多。然而，当加入的鲱鱼精DNA浓度大于10 mg/mL并且继续增高时，蛋白质的结晶成功率不会随之升高。当加入不同浓度的鲱鱼精DNA时，蛋白质均在第一天结晶，比空白组提早一天结晶。此结果说明加入鲱鱼精DNA可以让蛋白质的结晶速率有明显提高，同时鲱鱼精 DNA 的加入也缩短了结晶所需时间。

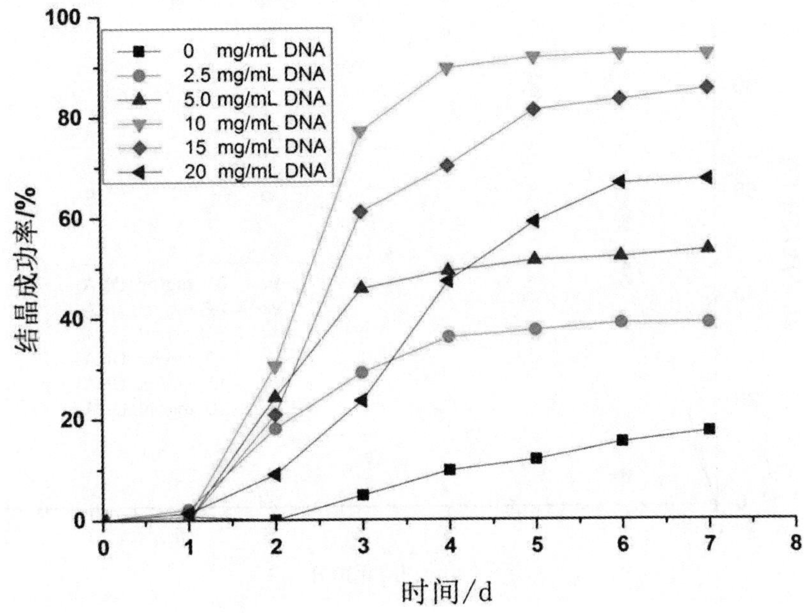

图 2-4　蛋白质浓度：5.0 mg/mL

蛋白质浓度为 7.5 mg/mL 时，分别加入 0 mg/mL、2.5 mg/mL、5.0 mg/mL、10 mg/mL、15 mg/mL、20 mg/mL 鲱鱼精 DNA 的蛋白质结晶成功率（4 ℃，连续观察 7 d）如图 2-5 所示。当蛋白质浓度为 7.5 mg/mL 时，加入不同浓度的鲱鱼精 DNA 仍然会对蛋白质结晶成功率有明显的提高。未加入鲱鱼精 DNA 时，7.5 mg/mL 的蛋白质在第七天的结晶成功率约为 58%。当加入 2.5 mg/mL 以及 5.0 mg/mL 的鲱鱼精 DNA 之后，蛋白质的结晶成功率升至 70% 及 85%。而当加入 10 mg/mL 的鲱鱼精 DNA 之后，蛋白质的结晶成功率约为 100%。再增加鲱鱼精 DNA 的浓度，蛋白质的结晶成功率略微下降，但仍然在 95% 以上。说明 10 mg/mL 的鲱鱼精 DNA 能使蛋白质结晶成功率达到最优。当加入不同的鲱鱼精 DNA 时，蛋白质晶体的结晶成功率在第 0 ~ 2 天是线性增长速率，在第二天达到稳定的结晶成功率。而对于空白组，即未加鲱鱼精 DNA 的结晶体系，结晶成功率在第一天以后才开始缓慢增长。此结果说明鲱鱼精 DNA 对于蛋白质结晶早期的影响较大。

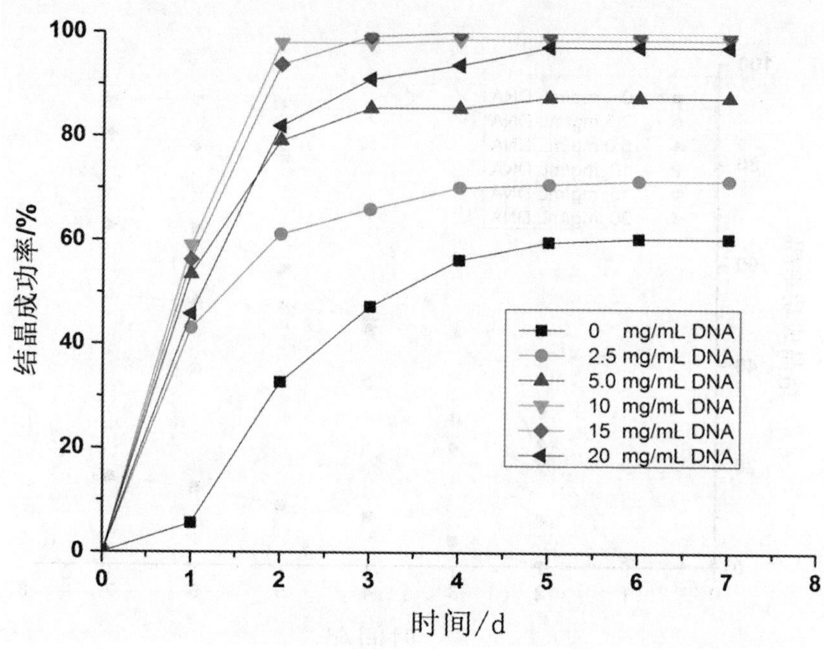

图 2-5 蛋白质浓度：7.5 mg/mL

蛋白质浓度为 10 mg/mL 时，分别加入 0 mg/mL、2.5 mg/mL、5.0 mg/mL、10 mg/mL、15 mg/mL、20 mg/mL 鲱鱼精 DNA 的蛋白质结晶成功率（4 ℃，连续观察 7d）如图 2-6 所示。当蛋白质浓度为 10 mg/mL 时，由于蛋白质的浓度足够高，未加入鲱鱼精 DNA 的空白样的结晶成功率已经达到 75%。当加入 2.5 mg/mL 鲱鱼精 DNA 时，蛋白质的结晶成功率可以达到 90% 以上。当加入 5.0 mg/mL 的鲱鱼精 DNA 时，蛋白质结晶成功率已接近 100%。对于 10 mg/mL 的蛋白质，加入 5.0 mg/mL 的鲱鱼精 DNA 就能够让结晶成功率达到最优。当加入鲱鱼精 DNA 之后，蛋白质晶体结晶成功率在 0 ~ 1 d 迅速增长，而空白组在 0 ~ 2 d 之内以低于实验组的速度增长。此结果说明鲱鱼精 DNA 能有效促进 10 mg/mL 的蛋白质结晶速率。

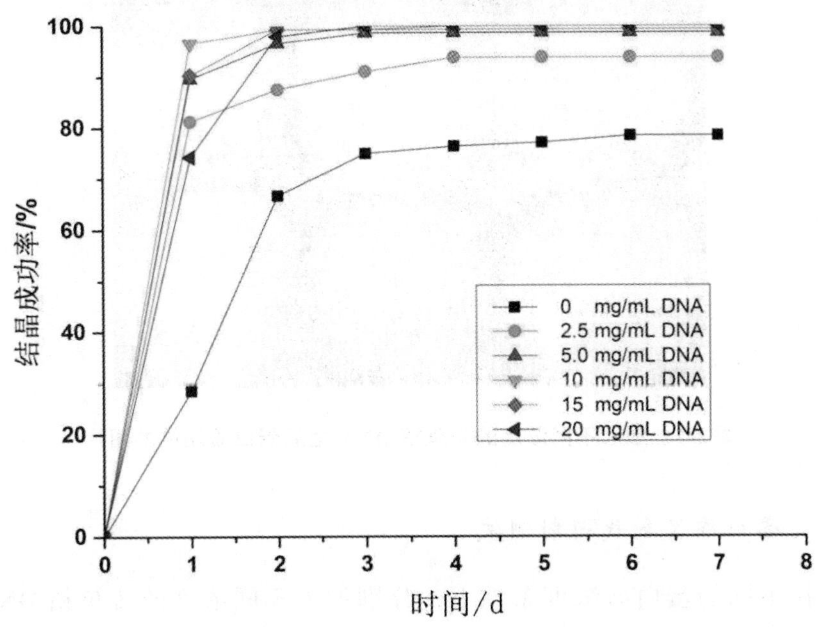

图 2-6　蛋白质浓度：10 mg/mL

2. 蛋白质的晶体形貌及数目

蛋白质浓度为 10 mg/mL 时，第一天，加入 0 mg/mL（a）、2.5 mg/mL（b）、5.0 mg/mL（c）、10 mg/mL（d）、15 mg/mL（e）、20 mg/mL（f）的鲱鱼精 DNA 后，照片（比例尺为 600 μm）如图 2-7 所示。加入不同浓度的鲱鱼精 DNA，会对蛋白质晶体的数目以及形貌有较大的影响。随着鲱鱼精 DNA 浓度的增加，晶体的数目也明显增加。当鲱鱼精小于 5.0 mg/mL 时，在结晶液滴里的晶体数目不足 5 个。当鲱鱼精 DNA 浓度大于 10 mg/mL 时，蛋白质晶体的数目明显增加，并且随着鲱鱼精 DNA 浓度的增加，蛋白质晶体的尺寸减小，这说明鲱鱼精 DNA 可以促进蛋白质的结晶速率。此结果说明当蛋白质浓度较大时，鲱鱼精 DNA 对于蛋白质形貌以及成核数目的影响更为明显。

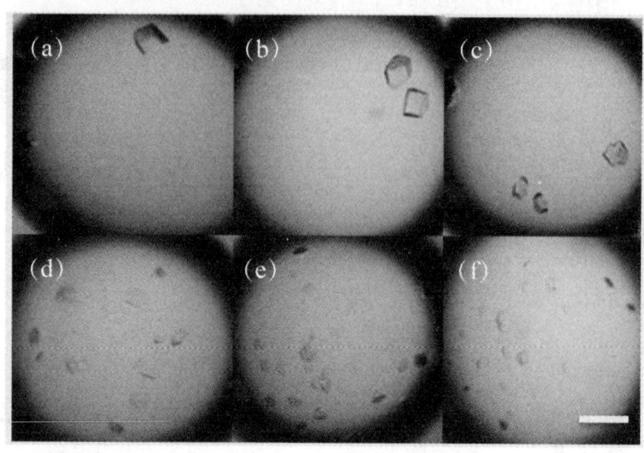

图 2-7　加入不同浓度的鲱鱼精 DNA 之后蛋白质晶体的图片

3. 蛋白质 X 射线衍射测试

在不同的蛋白质浓度条件下，分别加入不同浓度的鲱鱼精 DNA，蛋白质晶体衍射情况（N 代表无晶体或者晶体太小无法做晶体衍射）如图 2-8 所示。加入少量的鲱鱼精 DNA，对蛋白质晶体质量影响不大。但是当加入大量的鲱鱼精 DNA 之后，衍射点逐渐减少，说明大量 DNA 会使蛋白质晶体质量变差。通过收集晶体数据和晶格参数，晶体结构中并没有 DNA，只是蛋白质晶体。此结果说明 DNA 并未参与晶体的构成。

	10 mg/mL 氨基酸	7.5 mg/mL 氨基酸	5.0 mg/mL 氨基酸	2.5 mg/mL 氨基酸
0 mg/mL DNA	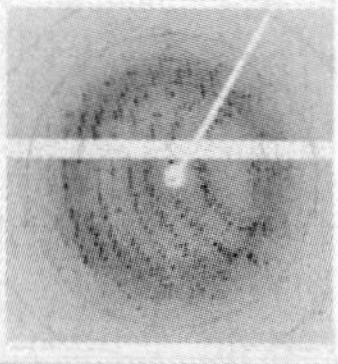	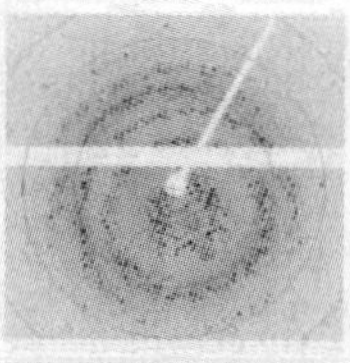	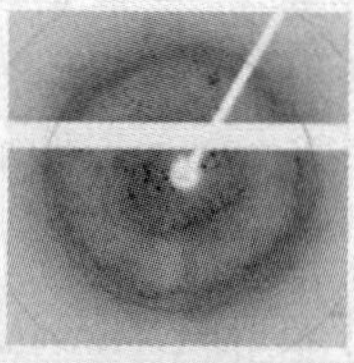	N
2.5 mg/mL DNA	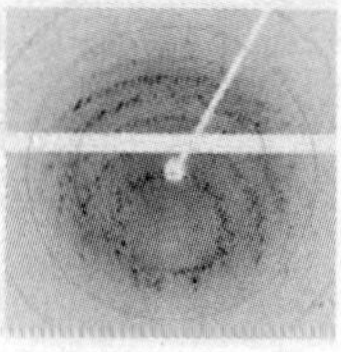	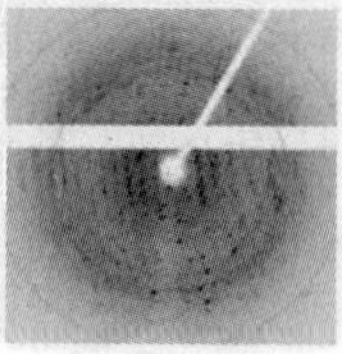	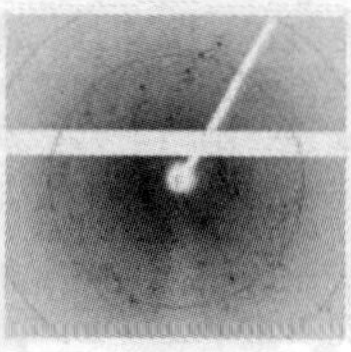	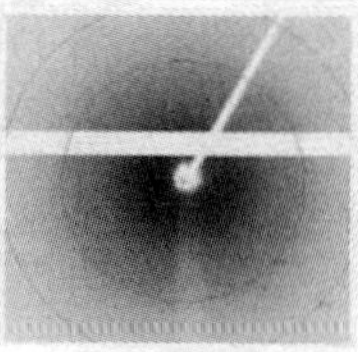

图 2-8　X 射线衍射图

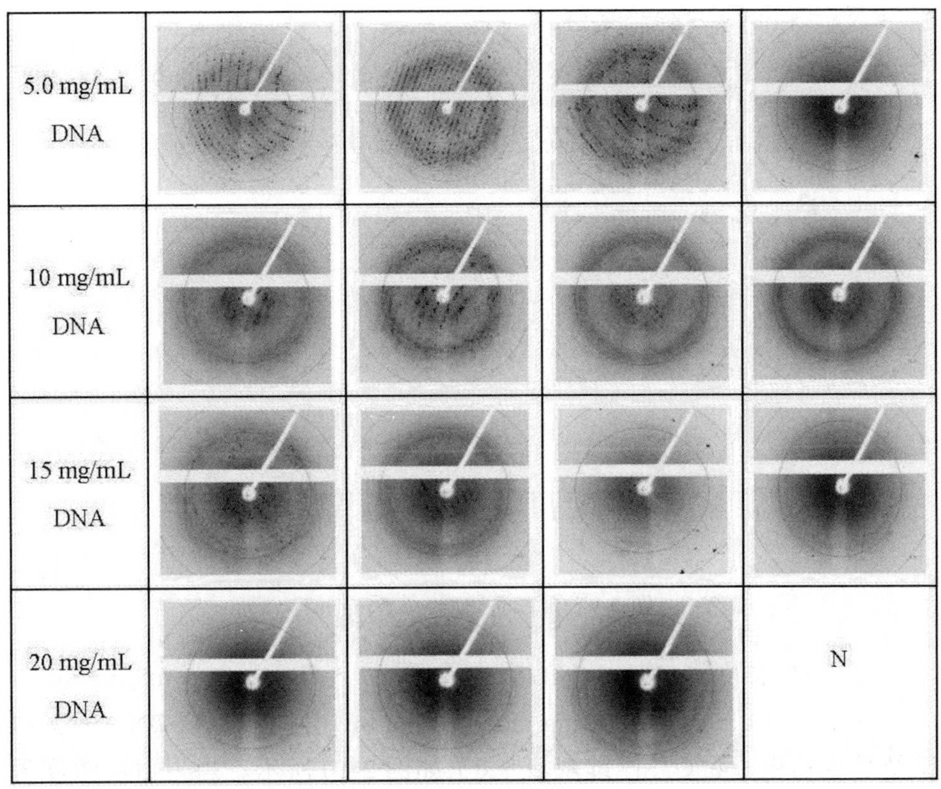

图 2-8　X 射线衍射图（续）

2.3.2.2 含钠鲱鱼精 DNA

1. 蛋白质结晶成功率

蛋白质浓度为 2.5 mg/mL 时，分别加入 0 mg/mL、2.5 mg/mL、5.0 mg/mL、10 mg/mL、15 mg/mL、20 mg/mL 含钠鲱鱼精 DNA 的蛋白质结晶成功率（4 ℃，连续观察 7 d）如图 2-9 所示。当蛋白质浓度为 2.5 mg/mL 时，空白组蛋白质的结晶成功率仅为 2%。当加入不同浓度的含钠鲱鱼精 DNA 时，蛋白质的结晶成功率随着含钠鲱鱼精 DNA 浓度的增加而增加。当含钠鲱鱼精 DNA 浓度为 20 mg/mL 时，蛋白质的结晶成功率增长至最高，达到 15% 以上，并且蛋白质在第一天就开始结晶。而空白对照组蛋白质在第三天才开始结晶。此结果说明一定浓度的含钠鲱鱼精 DNA 可以明显促进低浓度蛋白质的结晶成功率以及缩短蛋白质结晶所需要的时间。

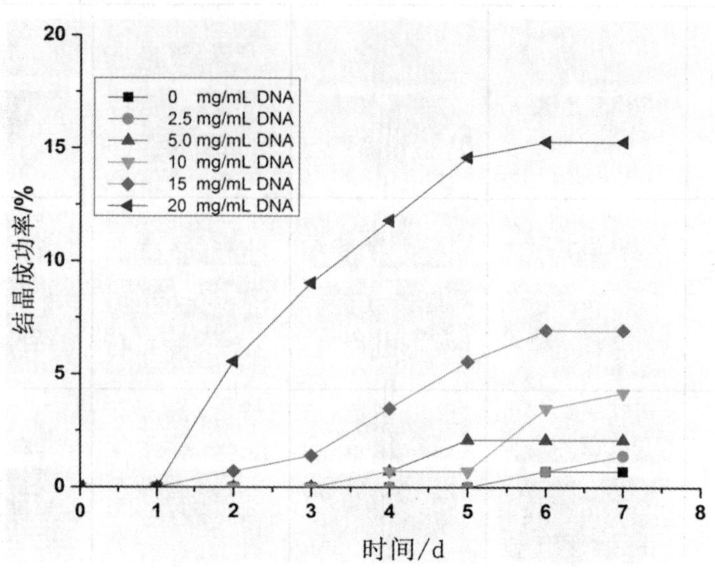

图 2-9　蛋白质浓度：2.5 mg/mL

蛋白质浓度为 5.0 mg/mL 时，分别加入 0 mg/mL、2.5 mg/mL、5.0 mg/mL、10 mg/mL、15 mg/mL、20 mg/mL 含钠鲱鱼精 DNA 的蛋白质结晶成功率（4 ℃，连续观察 7 d）如图 2-10 所示。当蛋白质浓度为 5.0 mg/mL 时，空白组蛋白质结晶成功率仅为 17%；当加入不同浓度的含钠鲱鱼精 DNA 时，蛋白质的结晶成功率随着含钠鲱鱼精 DNA 浓度的增加而增加。当实验中的含钠鲱鱼精 DNA 浓度达到 20 mg/mL 时，蛋白质的结晶成功率也达到最高，结晶成功率为 74%。另外，当加入不同浓度的含钠鲱鱼精 DNA 时，溶菌酶蛋白质均可以在第一天结晶，而同浓度的空白组蛋白质在第三天才开始结晶。此结果说明加入含钠鲱鱼精 DNA 可以缩短蛋白质结晶所需时间。

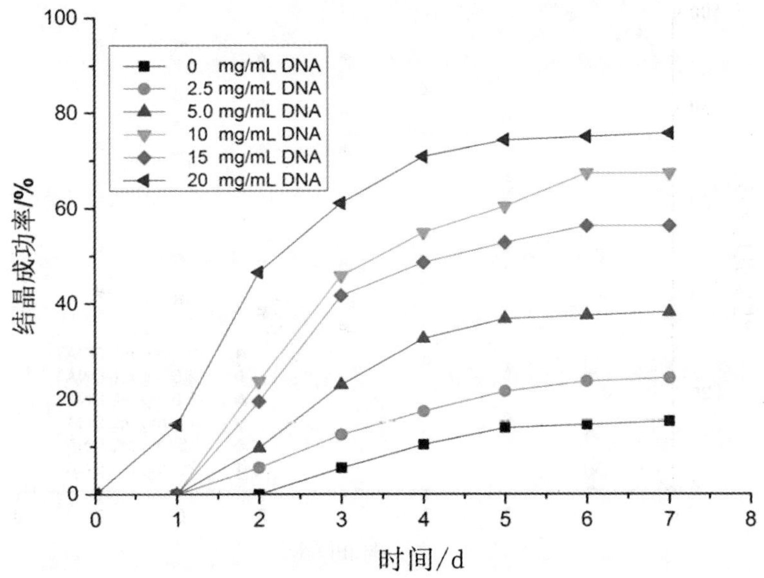

图 2-10　蛋白质浓度：5.0 mg/mL

蛋白质浓度为 7.5 mg/mL 时，分别加入 0 mg/mL、2.5 mg/mL、5.0 mg/mL、10 mg/mL、15 mg/mL、20 mg/mL 含钠鲱鱼精 DNA 的蛋白质结晶成功率（4 ℃，连续观察 7 d）如图 2-11 所示。当蛋白质浓度为 7.5 mg/mL 时，空白组蛋白质的结晶成功率约为 40%。随着含钠鲱鱼精 DNA 浓度的不断增高，蛋白质的结晶成功率也随之增高。当含钠鲱鱼精 DNA 的浓度达到 20 mg/mL 时，蛋白质的结晶成功率最终达到 94%，与空白组相比，蛋白质结晶成功率增长一倍以上。

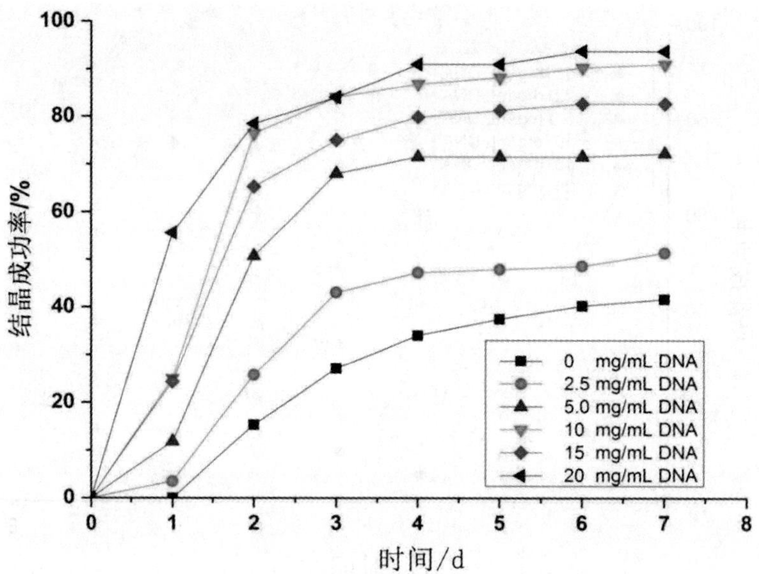

图 2-11　蛋白质浓度：7.5 mg/mL

蛋白质浓度为 10 mg/mL 时，分别加入 0 mg/mL、2.5 mg/mL、5.0 mg/mL、10 mg/mL、15 mg/mL、20 mg/mL 含钠鲱鱼精 DNA 的蛋白质结晶成功率（4 ℃，连续观察 7 d）如图 2-12 所示。当蛋白质的浓度为 10 mg/mL 时，空白组蛋白质的结晶成功率为 58%。加入不同浓度的含钠鲱鱼精 DNA 对于蛋白质结晶成功率有不同程度的促进作用。当含钠鲱鱼精 DNA 的浓度达到 20 mg/mL 时，蛋白质的结晶成功率也达到最高值，即 100%。此结果说明对于较高浓度的蛋白质溶液，含钠鲱鱼精 DNA 也会促进蛋白质结晶。

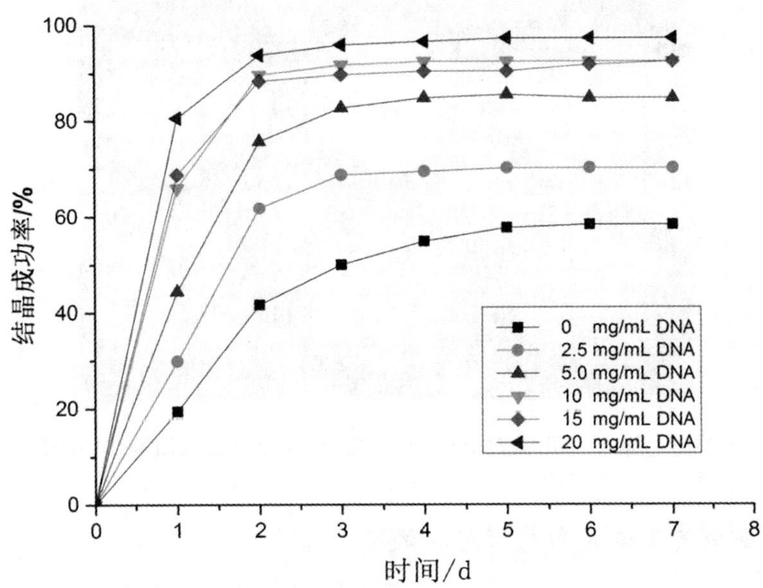

图 2-12　蛋白质浓度：10 mg/mL

2. 蛋白质的晶体形貌及数目

蛋白质浓度为 10 mg/mL 时，第一天，加入 0 mg/mL（a）、2.5 mg/mL（b）、5.0 mg/mL（c）、10 mg/mL（d）、15 mg/mL（e）、20 mg/mL（f）的含钠鲱鱼精 DNA 后，照片（比例尺为 600 μm）如图 2-13 所示。当蛋白质浓度为 10 mg/mL 时，第一天观察，空白组蛋白质几乎未结晶，但加入含钠鲱鱼精 DNA 的蛋白质均开始结晶，并且不同浓度的含钠鲱鱼精 DNA 对蛋白质晶体形貌尺寸均有较大的影响。随着含钠鲱鱼精 DNA 浓度增大，晶体尺寸也逐渐增大。当含钠鲱鱼精 DNA 浓度为 20 mg/mL 时，蛋白质的晶体尺寸达到最大，长约 350 μm。

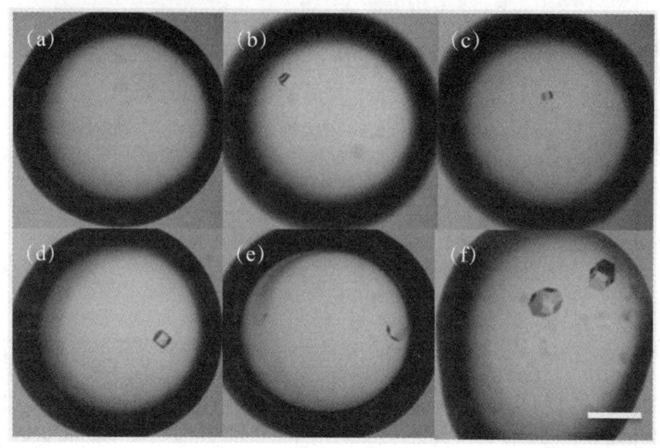

图 2-13　加入不同浓度的含钠鲱鱼精 **DNA** 之后蛋白质晶体的图片

3. 蛋白质晶体 X 射线衍射测试

在不同的蛋白质浓度条件下，分别加入不同浓度的含钠鲱鱼精 DNA，蛋白质晶体衍射情况（N 代表无晶体或者晶体太小无法做晶体衍射）如图 2-14 所示。此结果说明加入含钠鲱鱼精 DNA 并未明显影响溶菌酶蛋白质的晶体质量。

	10 mg/mL 氨基酸	7.5 mg/mL 氨基酸	5.0 mg/mL 氨基酸	2.5 mg/mL 氨基酸
0 mg/mL DNA	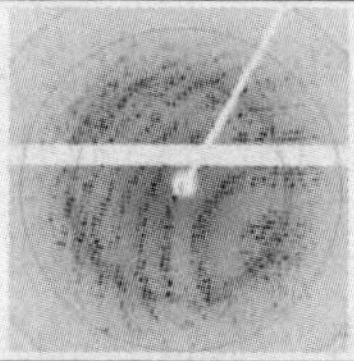	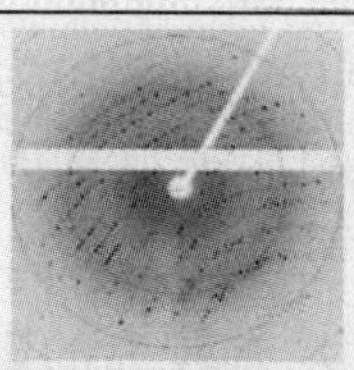	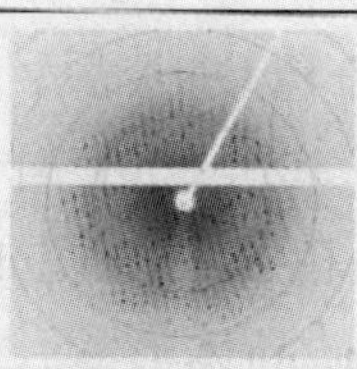	N
2.5 mg/mL DNA	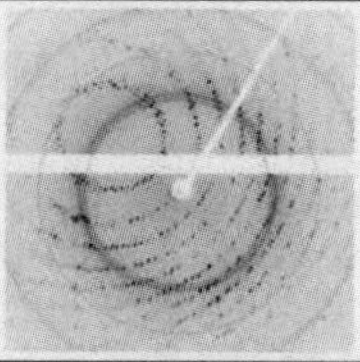	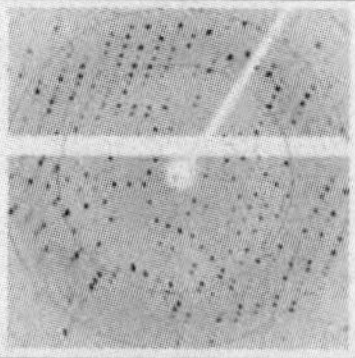	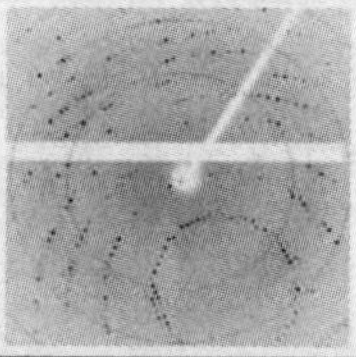	N
5.0 mg/mL DNA	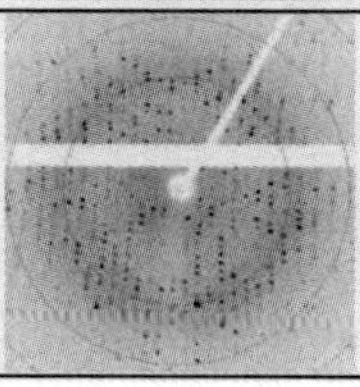	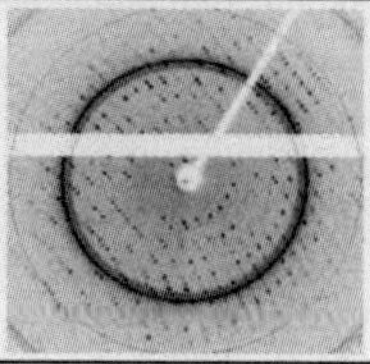	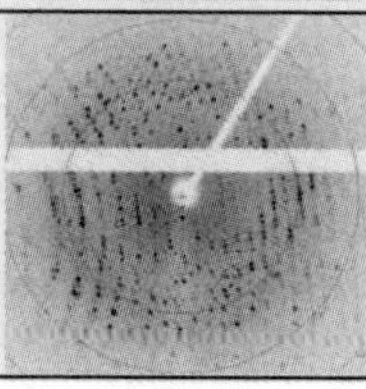	N

图 2-14　**X** 射线衍射图

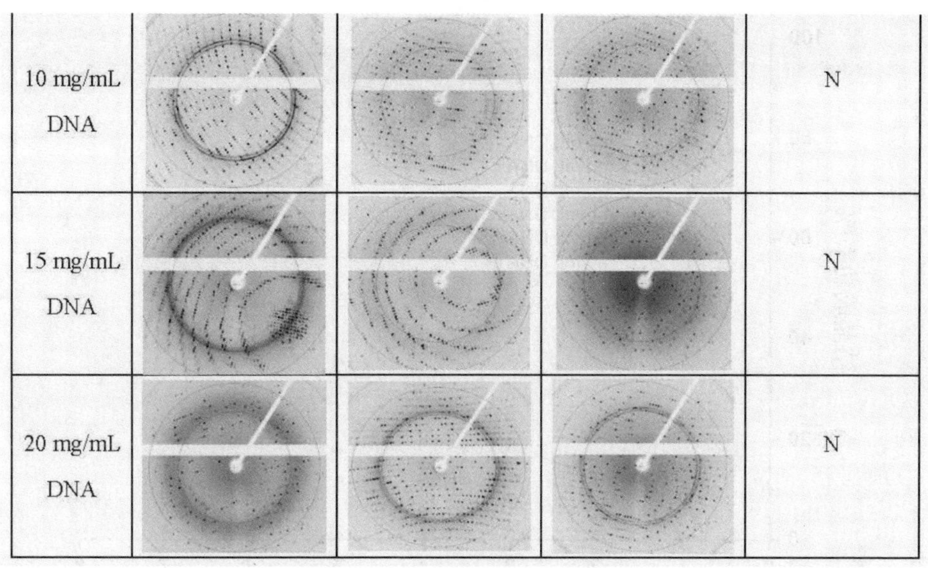

图 2-14　X 射线衍射图（续）

2.3.2.3 含钠鲑鱼精 DNA

1. 蛋白质结晶成功率

蛋白质浓度为 2.5 mg/mL 时，分别加入 0 mg/mL、2.5 mg/mL、5.0 mg/mL、10 mg/mL、15 mg/mL、20 mg/mL 含钠鲑鱼精 DNA 的蛋白质结晶成功率（4 ℃，连续观察 7 d）如图 2-15 所示。当蛋白质浓度为 2.5 mg/mL 时，空白组蛋白质的结晶成功率几乎为 0。随着含钠鲑鱼精 DNA 的加入，蛋白质的结晶成功率明显提高。当含钠鲑鱼精 DNA 的浓度达到 20 mg/mL 时，蛋白质的结晶成功率达到 40%。此结果说明含钠鲑鱼精 DNA 可以明显促进低浓度的溶菌酶蛋白质结晶。

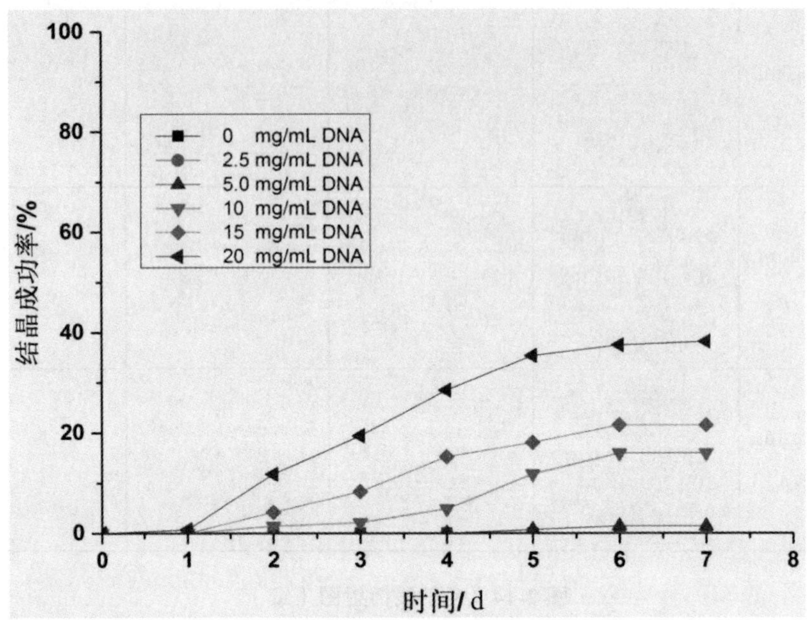

图 2-15 蛋白质浓度：2.5 mg/mL

蛋白质浓度为5.0 mg/mL时，分别加入0 mg/mL、2.5 mg/mL、5.0 mg/mL、10 mg/mL、15 mg/mL、20 mg/mL含钠鲑鱼精DNA的蛋白质结晶成功率（4 ℃，连续观察7 d）如图2-16所示。当蛋白质浓度为5.0 mg/mL时，空白组蛋白质的结晶成功率在第七天仅有6%。当加入2.5 mg/mL的含钠鲑鱼精DNA之后，蛋白质的结晶成功率达到30%。随着含钠鲑鱼精DNA浓度的增加，蛋白质的结晶成功率也逐渐增加。当含钠鲑鱼精DNA浓度为15 mg/mL时，蛋白质的结晶成功率达到80%。再增加含钠鲑鱼精DNA的浓度至20 mg/mL时，蛋白质在第三天结晶成功率就达到80%，并且趋于稳定。此结果说明随着含钠鲑鱼精DNA浓度的增加，其对于蛋白质结晶成功率的促进作用也变强；加入含钠鲑鱼精DNA可以使蛋白质在一天之内结晶，相比空白组蛋白质结晶时间明显缩短。

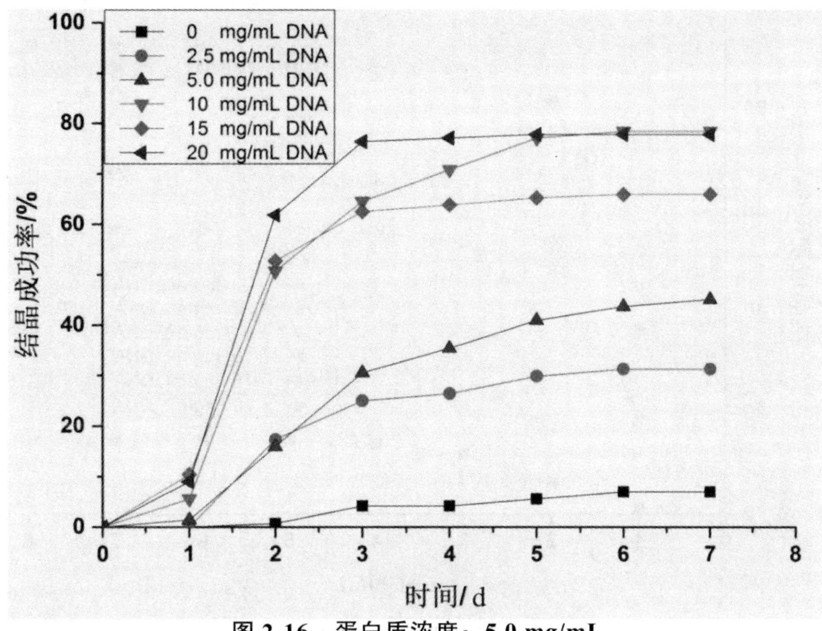

图 2-16 蛋白质浓度：5.0 mg/mL

蛋白质浓度为 7.5 mg/mL 时，分别加入 0 mg/mL、2.5 mg/mL、5.0 mg/mL、10 mg/mL、15 mg/mL、20 mg/mL 含钠鲑鱼精 DNA 的蛋白质结晶成功率（4 ℃，连续观察 7 d）如图 2-17 所示。当蛋白质浓度为 7.5 mg/mL 时，空白组蛋白质的结晶成功率仅为 13%。当加入 2.5 mg/mL 的含钠鲑鱼精 DNA 时，蛋白质的结晶成功率就达到 55%，与空白组比较结晶成功率增长了 3 倍多。随着含钠鲑鱼精 DNA 浓度的不断增加，其对蛋白质结晶成功率的促进作用也不断增强。当含钠鲑鱼精 DNA 的浓度为 10 mg/mL 时，蛋白质的结晶成功率可以达到 90%。对于 7.5 mg/mL 的溶菌酶蛋白质，10 mg/mL 的含钠鲑鱼精 DNA 对蛋白质的结晶成功率促进作用最强。

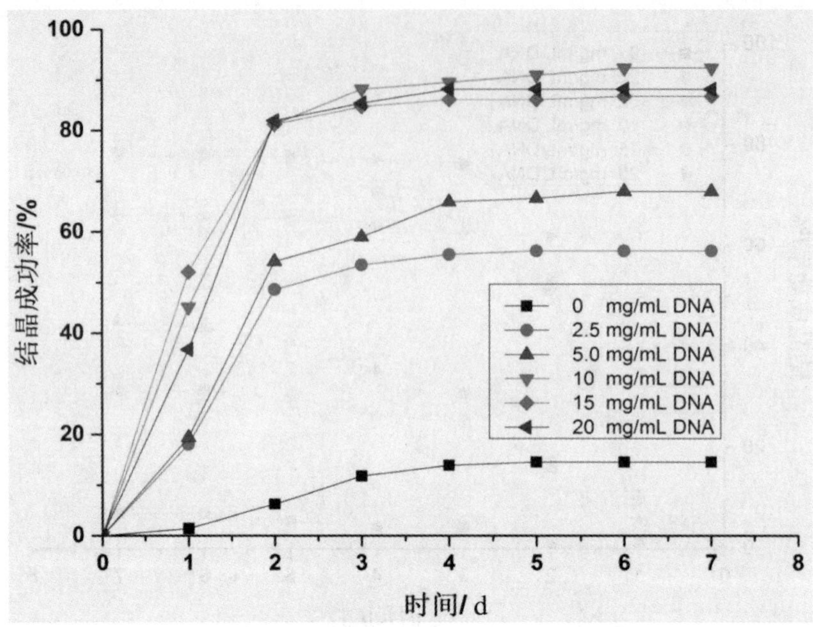

图 2-17　蛋白质浓度：7.5 mg/mL

蛋白质浓度为 10 mg/mL 时，分别加入 0 mg/mL、2.5 mg/mL、5.0 mg/mL、10 mg/mL、15 mg/mL、20 mg/mL 含钠鲑鱼精 DNA 的蛋白质结晶成功率（4 ℃，连续观察 7 d）如图 2-18 所示。当蛋白质浓度为 10 mg/mL 时，空白组蛋白质的结晶成功率为 30%，当加入不同浓度的含钠鲑鱼精 DNA 之后，蛋白质的结晶成功率明显提高。仅仅加入 2.5 mg/mL 含钠鲑鱼精 DNA 就可以使蛋白质结晶成功率提升至 60%。当加入 10 mg/mL 的含钠鲑鱼精 DNA 之后，蛋白质的结晶成功率达到 95%。再加入更高浓度的含钠鲑鱼精 DNA，其对蛋白质结晶成功率的促进作用与 10 mg/mL 的含钠鲑鱼精 DNA 的促进作用相当。

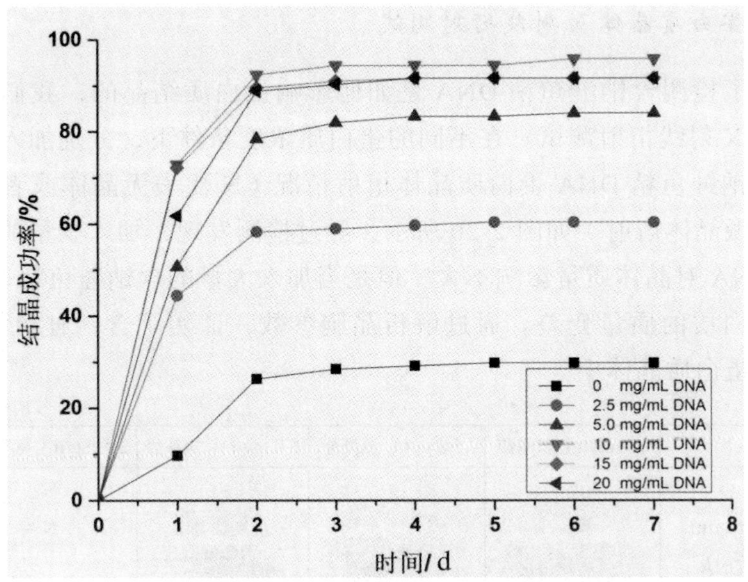

图 2-18　蛋白质浓度：10 mg/mL

2. 蛋白质的晶体形貌及数目

蛋白质浓度为 10 mg/mL 时，第一天，加入 0 mg/mL（a）、2.5 mg/mL（b）、5.0 mg/mL（c）、10 mg/mL（d）、15 mg/mL（e）、20 mg/mL（f）的含钠鲑鱼精 DNA 后，照片（比例尺为 600 μm）如图 2-19 所示。当蛋白质浓度为 10 mg/mL 时，第一天观察，加入含钠鲑鱼精 DNA 对于蛋白质晶体数量影响不大。但是可以观察到随着含钠鲑鱼精 DNA 浓度的增大，蛋白质晶体的尺寸有所增大。

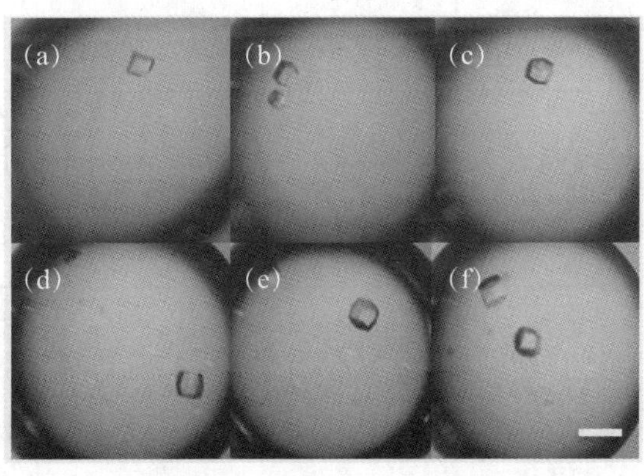

图 2-19　加入不同浓度的含钠鲑鱼精 DNA 之后蛋白质晶体的图片

3. 蛋白质晶体 X 射线衍射测试

为了检测含钠鲑鱼精 DNA 是如何影响蛋白质结晶的，我们对晶体进行了 X 射线衍射测试。在不同的蛋白质浓度条件下，分别加入不同浓度的含钠鲑鱼精 DNA 蛋白质晶体衍射情况（N 代表无晶体或者晶体太小无法做晶体衍射）如图 2-20 所示。经过检测发现，加入少量的含钠鲑鱼精 DNA 对晶体质量影响不大。但是当加入大量的含钠鲑鱼精 DNA 之后，蛋白质的质量变差。通过解析晶胞参数，证实了含钠鲑鱼精 DNA 并未在蛋白质晶体中。

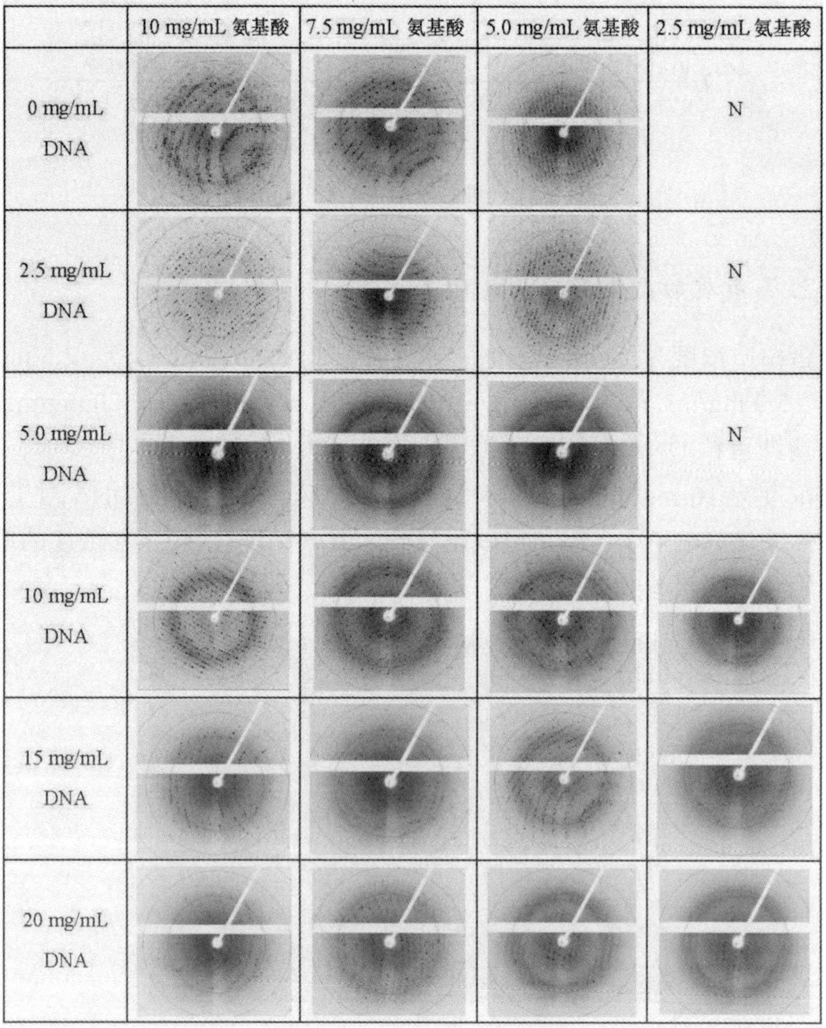

	10 mg/mL 氨基酸	7.5 mg/mL 氨基酸	5.0 mg/mL 氨基酸	2.5 mg/mL 氨基酸
0 mg/mL DNA				N
2.5 mg/mL DNA				N
5.0 mg/mL DNA				N
10 mg/mL DNA				
15 mg/mL DNA				
20 mg/mL DNA				

图 2-20　X 射线衍射图

2.3.2.4 含钠小牛胸腺 DNA

1. 蛋白质结晶成功率

由于含钠小牛胸腺 DNA 在浓度达到 5.0 mg/mL 时，就已经非常黏稠，所以在此系统中，我们将含钠小牛胸腺 DNA 的浓度上限定为 5.0 mg/mL。

蛋白质浓度为 2.5 mg/mL 时，分别加入 0 mg/mL、0.1 mg/mL、0.5 mg/mL、1.0 mg/mL、2.5 mg/mL、5.0 mg/mL 含钠小牛胸腺 DNA 的蛋白质结晶成功率（4 ℃，连续观察 7 d）如图 2-21 所示。当蛋白质浓度为 2.5 mg/mL 时，由于浓度太低，空白组蛋白质几乎不结晶。当加入少量的含钠小牛胸腺 DNA，如浓度为 0.1 mg/mL、0.5 mg/mL、1.0 mg/mL 的含钠小牛胸腺 DNA 时，蛋白质仍然不结晶。当加入 2.5 mg/mL 含钠小牛胸腺 DNA 时，蛋白质结晶成功率达到 10%。当含钠小牛胸腺 DNA 的浓度为 5.0 mg/mL 时，蛋白质的结晶成功率达到 32%，并且在第一天就开始结晶。此结果说明高于 2.5 mg/mL 的含钠小牛胸腺 DNA 可以有效促进低浓度的溶菌酶蛋白质结晶成功率并缩短结晶所需时间。

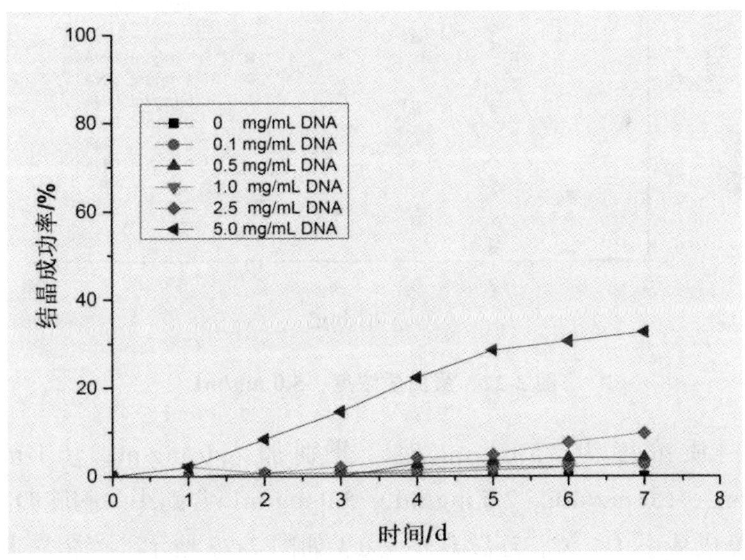

图 2-21　蛋白质浓度：2.5 mg/mL

蛋白质浓度为 5.0 mg/mL 时，分别加入 0 mg/mL、0.1 mg/mL、0.5 mg/mL、1.0 mg/mL、2.5 mg/mL、5.0 mg/mL 含钠小牛胸腺 DNA

的蛋白质结晶成功率（4 ℃，连续观察 7 d）如图 2-22 所示。当蛋白质浓度为 5.0 mg/mL 时，空白组蛋白质的结晶成功率仅为 17%。加入 0.1 mg/mL 的含钠小牛胸腺 DNA 能有效促进蛋白质的结晶成功率，使其达到 60%。随着含钠小牛胸腺 DNA 浓度的增加，其对蛋白质结晶成功率的促进作用也会变强。当含钠小牛胸腺 DNA 的浓度为 1.0 mg/mL 时，其对蛋白质结晶成功率的促进作用可达到 90%。此结果说明当蛋白质浓度为 5.0 mg/mL 时，1.0 mg/mL 的含钠小牛胸腺 DNA 就可以对其结晶成功率有较强的促进作用；小牛胸腺 DNA 的加入也缩短了蛋白质结晶所需的时间，这对于结晶周期长的蛋白质很有意义。

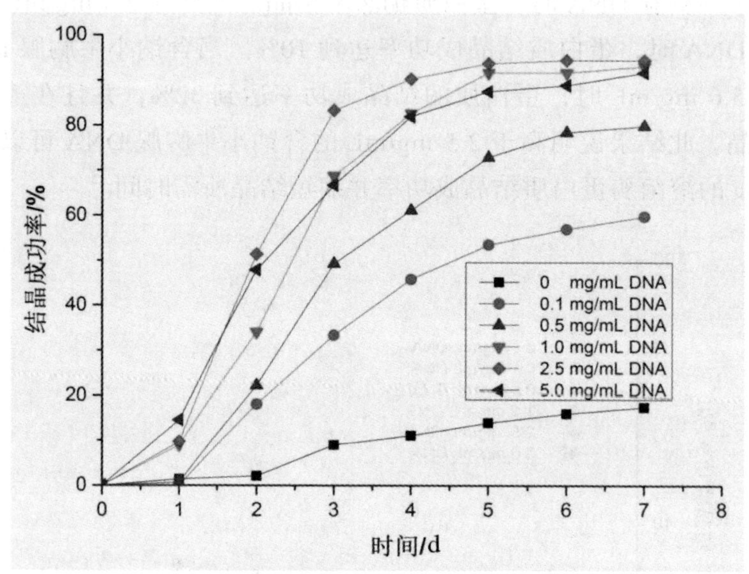

图 2-22　蛋白质浓度：5.0 mg/mL

蛋白质浓度为 7.5 mg/mL 时，分别加入 0 mg/mL、0.1 mg/mL、0.5 mg/mL、1.0 mg/mL、2.5 mg/mL、5.0 mg/mL 含钠小牛胸腺 DNA 的蛋白质结晶成功率（4 ℃，连续观察 7 d）如图 2-23 所示。当蛋白质浓度为 7.5 mg/mL 时，空白组蛋白质的结晶成功率为 36%。当在体系中加入 0.1 mg/mL 的含钠小牛胸腺 DNA 时，蛋白质的结晶成功率约为 100%。此结果说明当蛋白质浓度为 7.5 mg/mL 时，0.1 mg/mL 的含钠小牛胸腺 DNA 对蛋白质结晶成功率的促进作用达到最优。

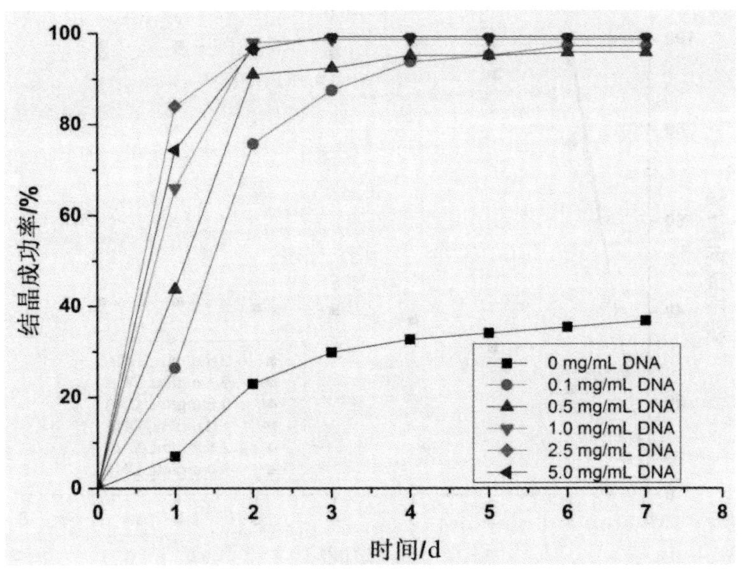

图 2-23　蛋白质浓度：7.5 mg/mL

蛋白质浓度为 10 mg/mL 时，分别加入 0 mg/mL、0.1 mg/mL、0.5 mg/mL、1.0 mg/mL、2.5 mg/mL、5.0 mg/mL 含钠小牛胸腺 DNA 的蛋白质结晶成功率（4 ℃，连续观察 7 d）如图 2-24 所示。当蛋白质浓度为 10 mg/mL 时，空白组蛋白质的结晶成功率为 40%；当加入浓度为 0.1 mg/mL 的含钠小牛胸腺 DNA 时，蛋白质的结晶成功率可以达到 95% 以上；当加入更高浓度的含钠小牛胸腺 DNA 时，蛋白质的结晶成功率可接近 100%。对于浓度为 10 mg/mL 的溶菌酶蛋白质，0.1 mg/mL 含钠小牛胸腺 DNA 就能使蛋白质的结晶成功率达到 95% 以上。

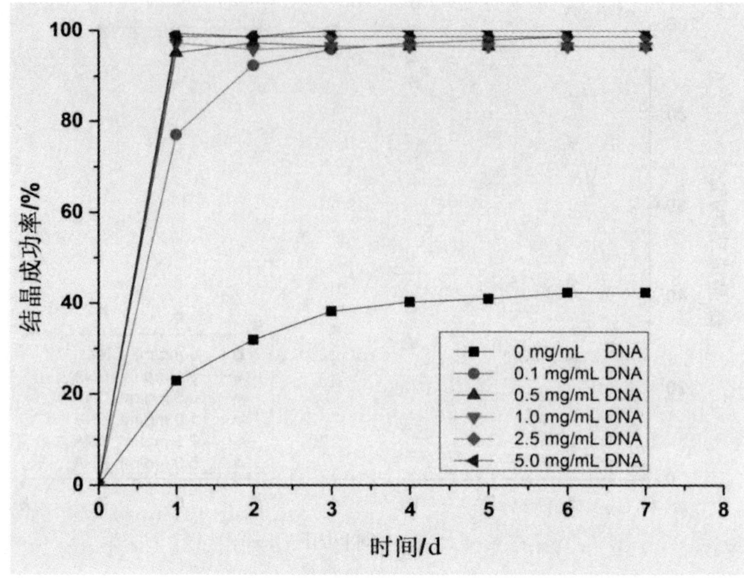

图 2-24　蛋白质浓度：10 mg/mL

2. 蛋白质的晶体形貌及数目

蛋白质浓度为 10 mg/mL 时，第一天，加入 0 mg/mL（a）、0.1 mg/mL（b）、0.5 mg/mL（c）、1.0 mg/mL（d）、2.5 mg/mL（e）、5.0 mg/mL（f）的含钠小牛胸腺 DNA 后，照片（比例尺为 600 μm）如图 2-25 所示。当蛋白质浓度为 10 mg/mL 时，加入不同浓度的含钠小牛胸腺 DNA 会对蛋白质晶体的成核数目以及尺寸大小有明显的影响。随着含钠小牛胸腺 DNA 浓度的增加，蛋白质晶体的数目也明显增加，且晶体尺寸变小。说明加入不同浓度的含钠小牛胸腺 DNA 会促进蛋白质结晶的速率。

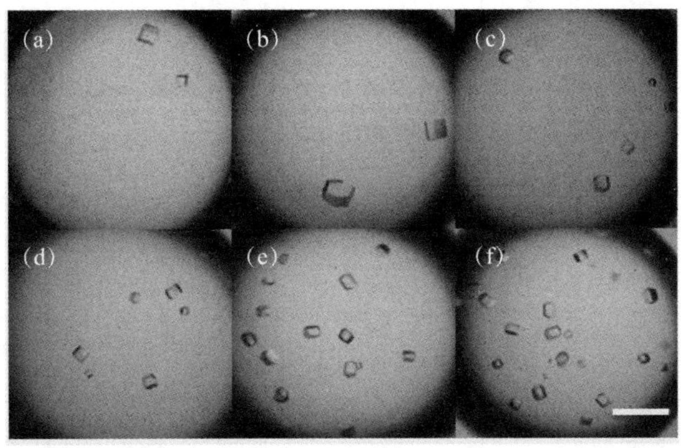

图 2 25　加入不同浓度的含钠小牛胸腺 DNA 之后蛋白质晶体的图片

3. 蛋白质晶体 X 射线衍射测试

在不同的蛋白质浓度条件下，分别加入不同浓度的含钠小牛胸腺 DNA，蛋白质晶体衍射情况（N 代表无晶体或者晶体太小无法做晶体衍射）如图 2-26 所示。在相同浓度下的蛋白质，加入含钠小牛胸腺 DNA 浓度越高，蛋白质的晶体质量越差。说明高浓度的含钠小牛胸腺 DNA 并不会提高晶体的质量。

	10 mg/mL 氨基酸	7.5 mg/mL 氨基酸	5.0 mg/mL 氨基酸	2.5 mg/mL 氨基酸
0 mg/mL DNA	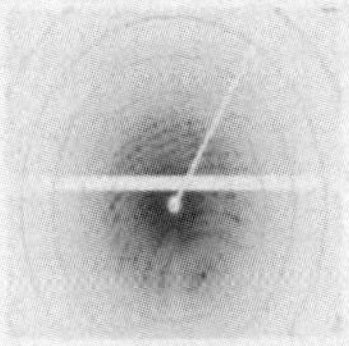	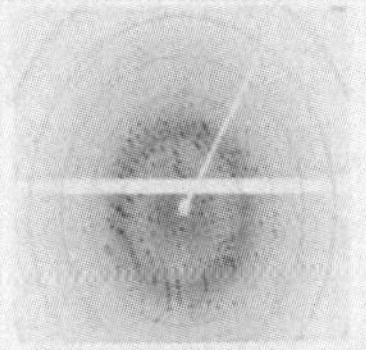	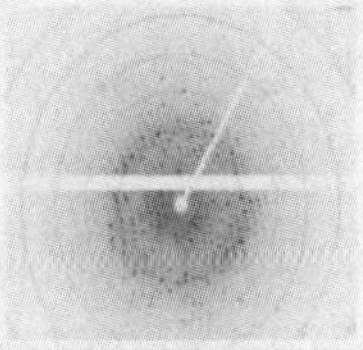	N
0.1 mg/mL DNA	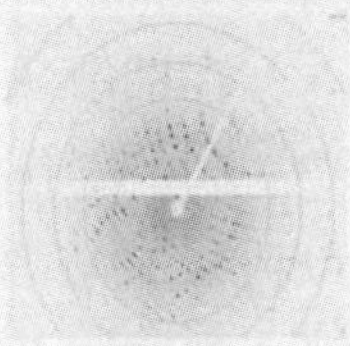	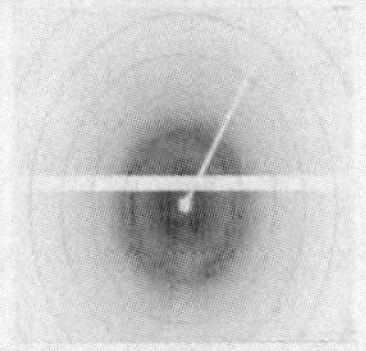	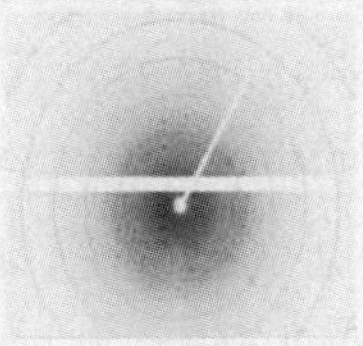	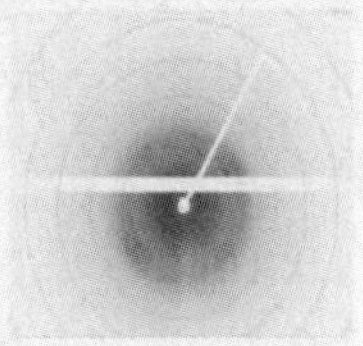
0.5 mg/mL DNA	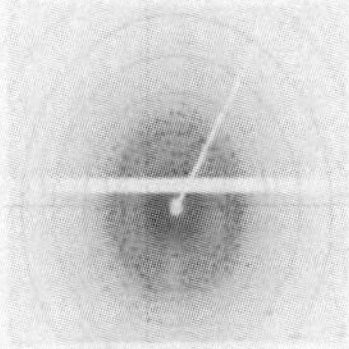	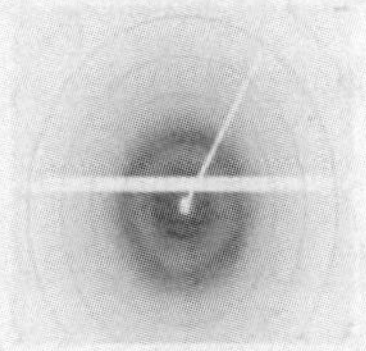		N

图 2-26　X 射线衍射图

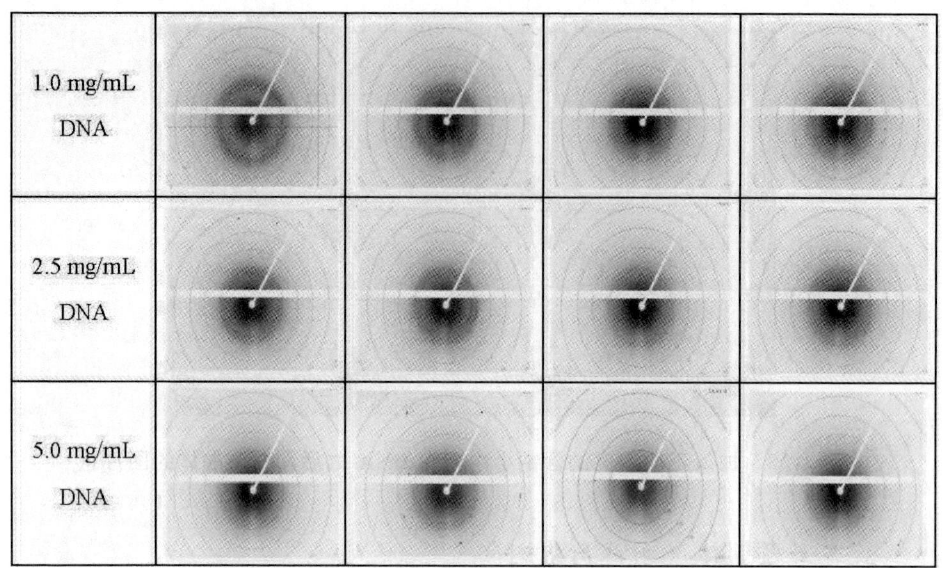

图 2-26　X 射线衍射图（续）

2.3.3　比较不同分子量 DNA 对蛋白质结晶的作用

本节利用 4 种分子量不同的 DNA 促进蛋白质结晶，按照分子量从大到小的顺序排列，依次为含钠小牛胸腺 DNA、含钠鲑鱼精 DNA、含钠鲱鱼精 DNA 以及鲱鱼精 DNA。由于 4 种 DNA 在实际操作中的浓度上限有所不同，因此本节选取 2.5 mg/mL 及 5.0 mg/mL 的 DNA 浓度，比较不同分子量 DNA 对蛋白质结晶的促进作用。

蛋白质浓度为 2.5 mg/mL 时，不加任何添加剂（Blank）并分别加入 2.5 mg/mL 的含钠小牛胸腺 DNA、含钠鲑鱼精 DNA、含钠鲱鱼精 DNA、鲱鱼精 DNA，蛋白质结晶成功率（4 ℃，连续观察 7d）如图 2-27 所示。当蛋白质浓度为 2.5 mg/mL、DNA 浓度为 2.5 mg/mL 时，按对蛋白质结晶成功率的促进作用从高到低排列，依次为含钠小牛胸腺 DNA、鲱鱼精 DNA、含钠鲱鱼精 DNA、含钠鲑鱼精 DNA。

蛋白质浓度为 5.0 mg/mL 时，不加任何添加剂（Blank）以及分别加入 2.5 mg/mL 的含钠小牛胸腺 DNA、含钠鲑鱼精 DNA、含钠鲱鱼精 DNA、鲱鱼精 DNA，蛋白质结晶成功率（4 ℃，连续观察 7d）如图 2-28

所示。

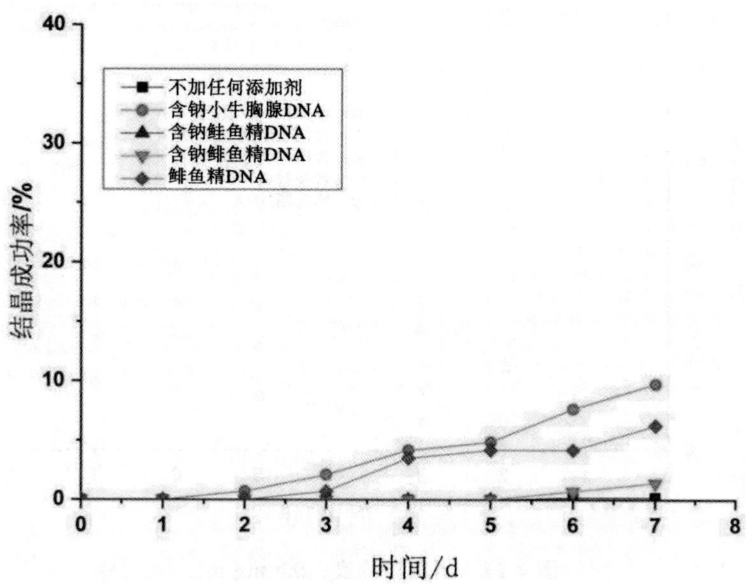

图 2-27　蛋白质浓度：2.5 mg/mL

当蛋白质浓度为 5.0 mg/mL、DNA 浓度为 2.5 mg/mL 时，按对蛋白质结晶成功率的促进作用从高到低排列，依次为含钠小牛胸腺 DNA、鲱鱼精 DNA、含钠鲑鱼精 DNA、含钠鲱鱼精 DNA。

蛋白质浓度为 7.5 mg/mL 时，不加任何添加剂（Blank）以及分别加入 2.5 mg/mL 的含钠小牛胸腺 DNA、含钠鲑鱼精 DNA、含钠鲱鱼精 DNA、鲱鱼精 DNA，蛋白质结晶成功率（4 ℃，连续观察 7d）如图 2-29 所示。当蛋白质浓度为 7.5 mg/mL、DNA 浓度为 2.5 mg/mL 时，按对蛋白质结晶成功率的促进作用从高到低排列，依次为含钠小牛胸腺 DNA、鲱鱼精 DNA、含钠鲑鱼精 DNA、含钠鲱鱼精 DNA。

蛋白质浓度为 10 mg/mL 时，不加任何添加剂（Blank）以及分别加入 2.5 mg/mL 的含钠小牛胸腺 DNA、含钠鲑鱼精 DNA、含钠鲱鱼精 DNA、鲱鱼精 DNA，蛋白质结晶成功率（4 ℃，连续观察 7d）如图 2-30 所示。当蛋白质浓度为 10 mg/mL、DNA 浓度为 2.5 mg/mL 时，按对蛋白质结晶成功率的促进作用从高到低排列，依次为含钠小牛胸腺 DNA、鲱鱼精 DNA、含钠鲱鱼精 DNA、含钠鲑鱼精 DNA。

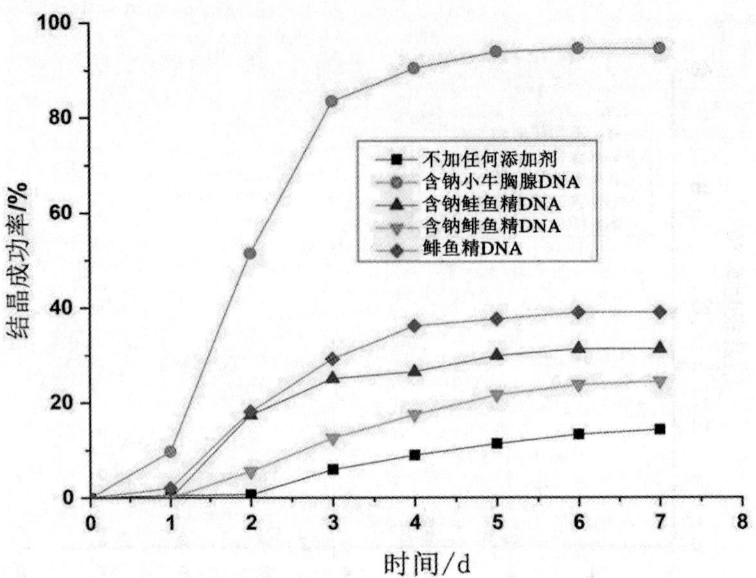

图 2-28　蛋白质浓度：5.0 mg/mL

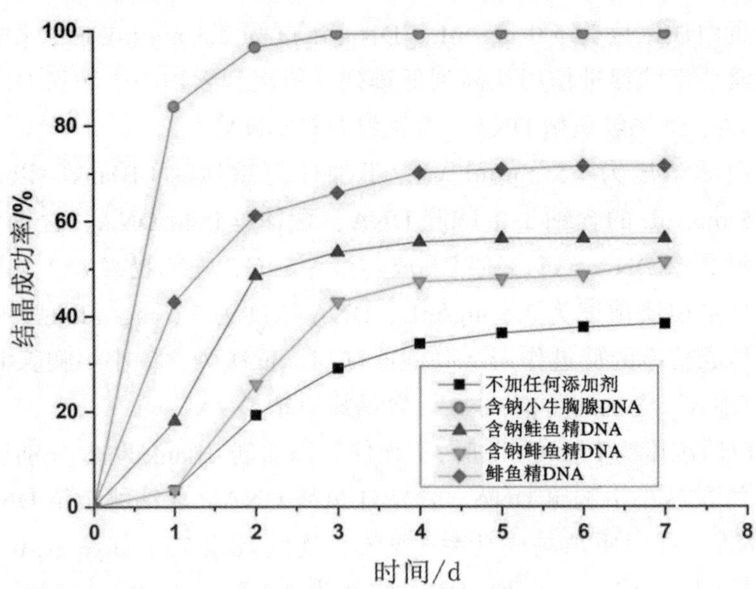

图 2-29　蛋白质浓度：7.5 mg/mL

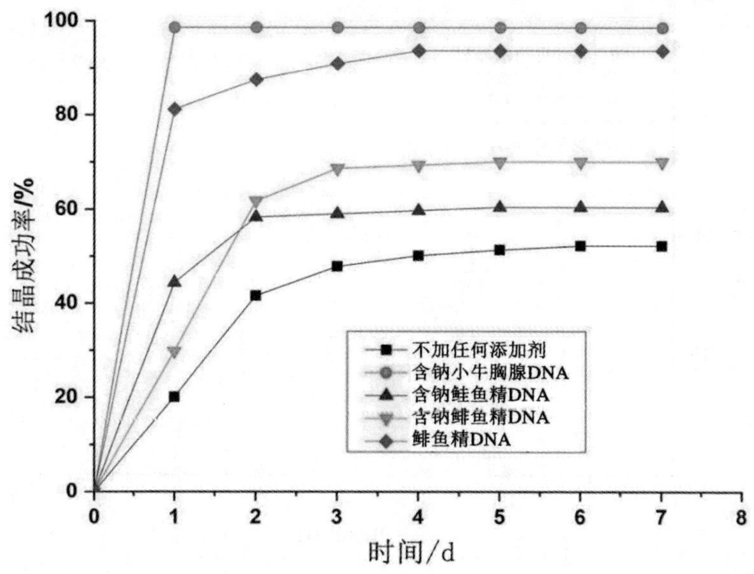

图 2-30　蛋白质浓度：10 mg/mL

蛋白质浓度为 2.5 mg/mL 时，不加任何添加剂（Blank）以及分别加入 5.0 mg/mL 的含钠小牛胸腺 DNA、含钠鲑鱼精 DNA、含钠鲱鱼精 DNA、鲱鱼精 DNA，蛋白质结晶成功率（4 ℃，连续观察 7d）如图 2-31 所示。当蛋白质浓度为 2.5 mg/mL、DNA 浓度为 5.0 mg/mL 时，按对蛋白质结晶成功率的促进作用从高到低排列，依次为含钠小牛胸腺 DNA、鲱鱼精 DNA、含钠鲱鱼精 DNA、含钠鲑鱼精 DNA。

蛋白质浓度为 5.0 mg/mL 时，不加任何添加剂（Blank）以及分别加入 5.0 mg/mL 的含钠小牛胸腺 DNA、含钠鲑鱼精 DNA、含钠鲱鱼精 DNA、鲱鱼精 DNA，蛋白质结晶成功率（4 ℃，连续观察 7d）如图 2-32 所示。当蛋白质浓度为 5.0 mg/mL、DNA 浓度为 5.0 mg/mL 时，按对蛋白质结晶成功率的促进作用从高到低排列，依次为含钠小牛胸腺 DNA、鲱鱼精 DNA、含钠鲑鱼精 DNA、含钠鲱鱼精 DNA。

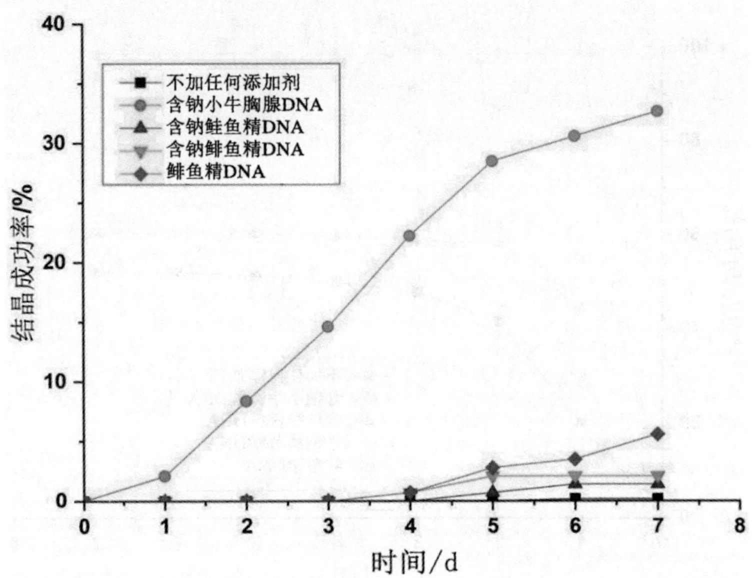

图 2-31　蛋白质浓度：2.5 mg/mL

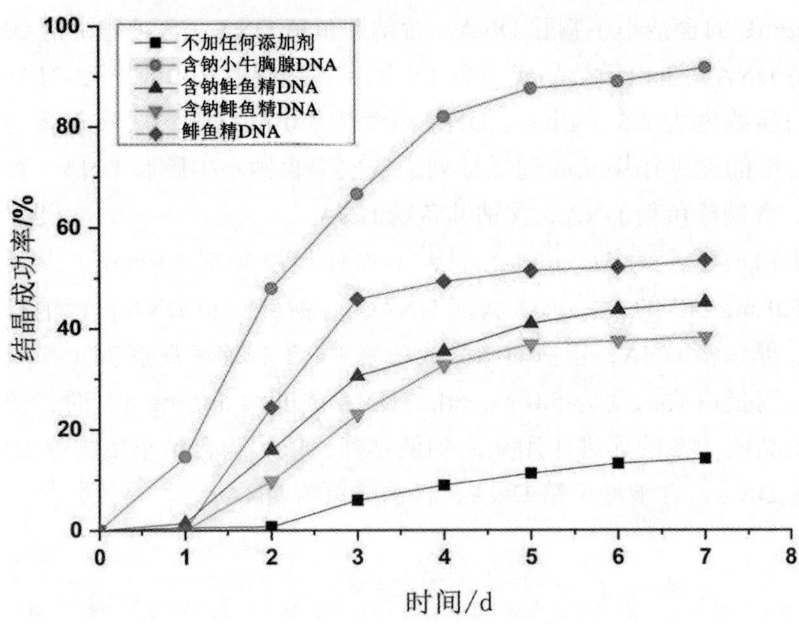

图 2-32　蛋白质浓度：5.0 mg/mL

蛋白质浓度为 7.5 mg/mL 时，不加任何添加剂（Blank）以及分别加入 5.0 mg/mL 的含钠小牛胸腺 DNA、含钠鲑鱼精 DNA、含钠鲱鱼精 DNA、鲱鱼精 DNA，蛋白质结晶成功率（4 ℃，连续观察 7d）如图 2-33 所示。当蛋白质浓度为 7.5 mg/mL、DNA 浓度为 5.0 mg/mL 时，按对蛋白质结晶成功率的促进作用从高到低排列，依次为含钠小牛胸腺 DNA、鲱鱼精 DNA、含钠鲱鱼精 DNA、含钠鲑鱼精 DNA。

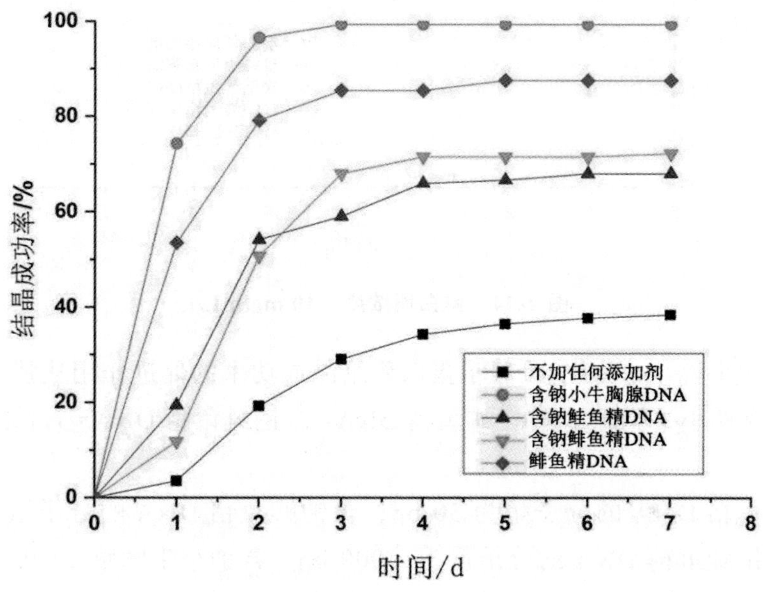

图 2-33　蛋白质浓度：7.5 mg/mL

蛋白质浓度为 10 mg/mL 时，不加任何添加剂（Blank）以及分别加入 5.0 mg/mL 的含钠小牛胸腺 DNA、含钠鲑鱼精 DNA、含钠鲱鱼精 DNA、鲱鱼精 DNA，蛋白质结晶成功率（4 ℃，连续观察 7d）如图 2-34 所示。当蛋白质浓度为 10 mg/mL、DNA 浓度为 5.0 mg/mL 时，按对蛋白质结晶成功率的促进作用从高到低排列，依次为含钠小牛胸腺 DNA、鲱鱼精 DNA、含钠鲱鱼精 DNA、含钠鲑鱼精 DNA。

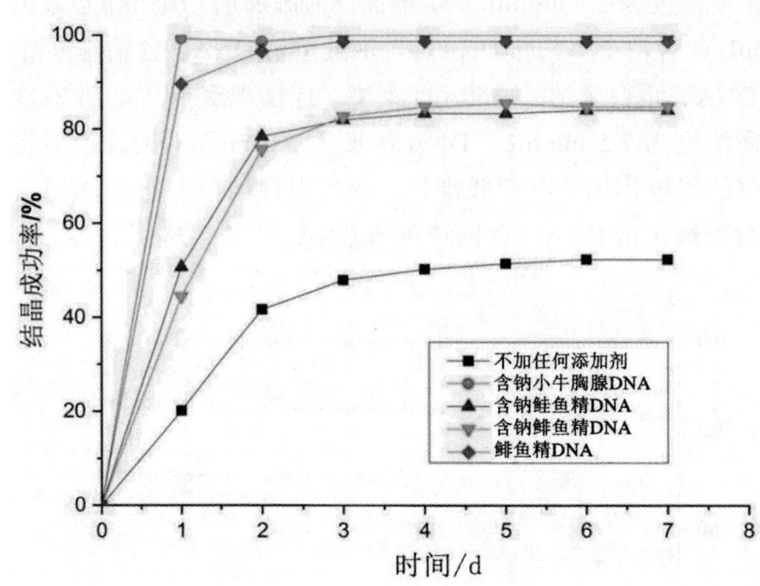

图 2-34 蛋白质浓度：10 mg/mL

整体来说，4 种 DNA 对于蛋白质结晶成功率的促进作用从强到弱依次为：含钠小牛胸腺 DNA> 鲱鱼精 DNA> 含钠鲱鱼精 DNA= 含钠鲑鱼精 DNA。

鲱鱼精 DNA 的分子量为 50 bp，含钠鲱鱼精 DNA 的分子量为 100 bp，含钠鲑鱼精 DNA 的分子量为 1 000 bp，含钠小牛胸腺 DNA 的分子量约为 15 000 bp。对于含钠 DNA，分子量较大的 DNA 对蛋白质的结晶成功率促进作用较大。由于含钠小牛胸腺 DNA 的分子量远远大于含钠鲱鱼精 DNA 以及含钠鲑鱼精 DNA。相同的 DNA 浓度之下，加入含钠小牛胸腺 DNA 的体系中的蛋白质结晶成功率远大于含钠鲱鱼精 DNA 和含钠鲑鱼精 DNA。DNA 分子量越大，相同浓度下也越为黏稠。黏稠的体系有助于减小蛋白质结晶体系中的对流作用，可以有效促进蛋白质结晶。同时，DNA 有很好的水溶性，在一定的体积中，加入 DNA 能有效地与蛋白质分子竞争水，导致蛋白质易于达到过饱和浓度，进而促进结晶。分子量较高的 DNA 竞争水的能力也越强，因此含钠小牛胸腺 DNA 促进蛋白质结晶的作用最强。DNA 在溶液中具有体积排阻作用，对于体积较大的 DNA 分子，在溶液中的体积排阻作用更强，这样可以使蛋白质溶液更易达到过饱和浓度，促进晶体的形成。DNA 的加入会减小水的表面张力，使蛋白质表面水分子减少，蛋白质溶液更易达到过饱和度而结晶。分子量较大的 DNA 对水表面张力的改变越大，对蛋白质结晶的促进效果越强。另外，DNA 与蛋白质之间可能存在特异性作用，分子量越大的 DNA 与蛋白质之间存在特异性作用的概率越大，对蛋白质结晶的促进作用也更强。

通过比较 4 种 DNA 对结晶成功率的作用，我们发现鲱鱼精 DNA 并不符合“结晶成功率随分子量增大而增大”这一现象。可能是由于鲱鱼精 DNA 与其他 3 种含钠 DNA 有所不同，我们分别测试了在 pH 为 4.6 的蛋白质沉淀剂中加入不同浓度的鲱鱼精 DNA、含钠鲱鱼精 DNA、含钠鲑鱼精 DNA 以及含钠小牛胸腺 DNA 之后 pH 的变化。其中，在加入不同浓度的含钠鲱鱼精 DNA、含钠鲑鱼精 DNA 以及含钠小牛胸腺 DNA 之后，沉淀剂的 pH 变化不明显，基本维持在 4.6。鲱鱼精 DNA 与其他三种 DNA 不同，在鲱鱼精 DNA 中不含钠盐。这一特点导致鲱鱼精 DNA 溶于蛋白质结晶体系后对溶液的 pH 有较大的影响，最终影响蛋白质结晶。分别将 2.5 mg/mL、5.0 mg/mL、10 mg/mL、15 mg/mL、20 mg/mL 鲱鱼精 DNA 溶于蛋白质沉淀剂中，pH 如表 2-2。当加入的鲱鱼精 DNA 小于 10 mg/mL 时，结晶体系的 pH 维持在 4.2 以上；当加入 15 mg/mL 的鲱鱼精 DNA 时，蛋白质结晶体系的 pH 急剧下降至 3.8。可见，缓冲体系的 pH 对于蛋白质结晶的影响非常大。因而，可以认为鲱鱼精 DNA 促进蛋白质结晶规律不同于其他 3 种 DNA，不仅仅是由于鲱鱼精 DNA 分子量较小，还因为鲱鱼精 DNA 会改变结晶体系的酸碱度。

表 2-2 不同浓度鲱鱼精 DNA 溶于蛋白质沉淀剂中的 pH

鲱鱼精 DNA（mg/mL）	2.5	5.0	10	15	20
pH	4.31	4.20	4.20	3.80	3.62

分别测试溶菌酶蛋白质（lys）、4 种 DNA 以及蛋白质分别和 4 种 DNA 等体积混合物的电动电势值。蛋白质（lys）浓度为 1.25 mg/mL，DNA 浓度为 1.25 mg/mL，混合物（mixture）为 2.5 mg/mL 蛋白质与 2.5 mg/mL DNA 的等体积混合，其电动电势如表 2-3。溶菌酶蛋白质等电点为 10.6，结晶沉淀剂 pH 为 4.6，故溶菌酶蛋白质在此结晶条件下显示正电性；由于 DNA 带有大量的磷酸基团，DNA 显示负电性；

当两者混合之后，电动电势绝对值仍然较大，表明两者的混合物很稳定。

表 2-3　电动电势值

单位：mv

测试对象	鲱鱼精 DNA	含钠鲱鱼精 DNA	含钠鲑鱼精 DNA	含钠小牛胸腺 DNA
lys	10.68			
DNA	-23.35	-61.25	-38.65	-50.80
mixture	-32.80	43.14	-53.05	9.04

结晶是提纯蛋白质的重要方式，蛋白质纯度越高，蛋白质的酶活性越高，与细胞悬浮液反应速率也越快，表现在图中则斜率越大。我们通过加入不同分子量的 4 种 DNA，结晶溶菌酶蛋白质，测试得到蛋白质晶体的酶活性，如图 2-35 所示。从图中斜率我们可以判断：活性排序（从大到小）依次为含钠鲑鱼精 DNA、鲱鱼精 DNA、蛋白质晶体、含钠小牛胸腺 DNA、含钠鲱鱼精 DNA、蛋白质粉末。

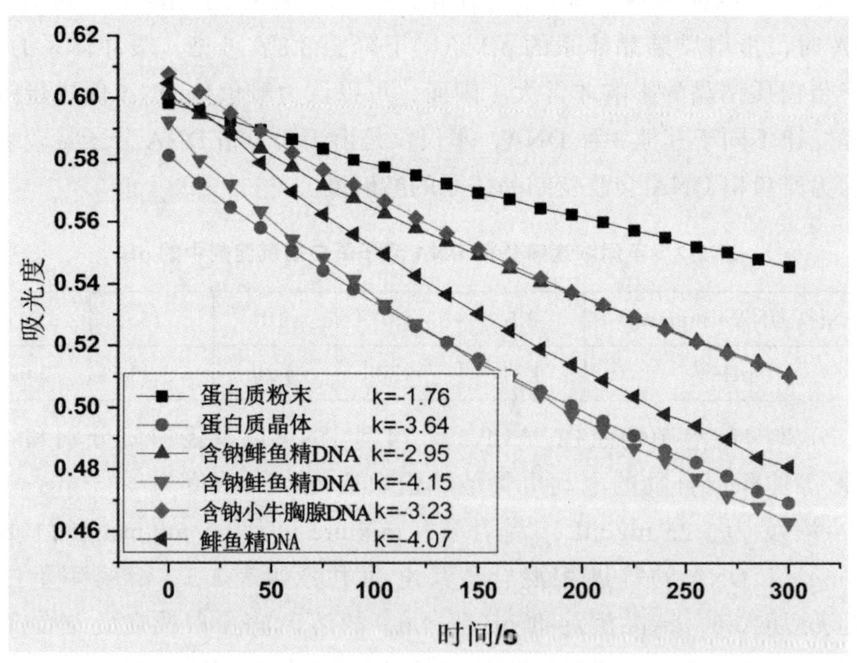

图 2-35　加入不同 DNA 的蛋白质晶体的酶活性测试

凡是结晶的蛋白质酶活性均高于粉末状蛋白质，而含钠鲑鱼精以及鲱鱼精 DNA 的活性均大于 Blank。此结果说明加入这两种 DNA 能提高蛋白质晶体的纯度，这对于蛋白质的提纯有着重大的意义。

2.4 本章小结

本章，我们通过在蛋白质溶液中分别加入鲱鱼精DNA、含钠鲱鱼精DNA、含钠鲑鱼精DNA以及含钠小牛胸腺DNA，观察统计不同分子量DNA对溶菌酶蛋白质结晶的影响。以上DNA均对蛋白质结晶成功率有不同程度的促进作用，DNA分子量越大，结晶成功率越高，尤其当蛋白质浓度较低时促进作用更为明显，并且DNA的加入会缩短结晶所需时间、增加蛋白质的晶体数目。从晶体衍射图中可以观察到低浓度的DNA对于蛋白质晶体质量并无明显作用。加入DNA的蛋白质晶体可以提高其酶活性，这对于蛋白质的酶活性功能有提高和保存作用。

DNA可以有效地促进蛋白质结晶，并且分子量越大的DNA对蛋白质结晶的促进作用越强。我们认为DNA促进蛋白质结晶有以下可能原因。

直接作用是DNA作为成核剂，可能和蛋白质之间存在特异性作用，蛋白质分子可以聚集至DNA表面上形成DNA-蛋白质复合物[149，150]。一方面使蛋白质的局部浓度增高，另一方面降低蛋白质分子的不稳定性，从而促进蛋白质结晶。

间接作用主要有4个：一是DNA在溶液中的体积排阻作用，DNA的存在使同在一个体系中的蛋白质分子的局部浓度增高，从而促进蛋白质结晶[151，152]；二是DNA会改变溶液中水分子的状态，使溶液的表面张力减小，间接导致与蛋白质分子作用的水减少，提高蛋白质溶液的过饱和度，从而促进蛋白质结晶[153]；三是DNA亲水性极强，易溶于水，当DNA与蛋白质混合之后，DNA会竞争体系中的水分子，使蛋白质溶液更容易达到过饱和状态[154]；四是DNA的加入可以增大整个体系的黏度，减小溶液中的对流作用，促进蛋白质结晶。

本章中，我们首次将DNA作为一种聚合物材料有效促进溶菌酶蛋白质结晶。DNA具有优良的生物兼容性，购买便捷，价格便宜，它可以作为材料在实际应用中促进蛋白质结晶，还可以使蛋白质溶液在低浓度条件下达到过饱和度而结晶，这对于难以提取、少量珍贵蛋白质的结晶具有很大的应用前景。

第3章

构建 DNA 折纸促进蛋白质结晶

3.1　本章引言

成核是蛋白质结晶过程中的重要环节，研究成核剂在蛋白质基础研究及工业生产等领域具有非常广阔的应用前景。最初的成核剂，例如动物毛发、纤维和矿物质等，很难控制成核剂的均一性，不能保证实验的准确性，且难以探究其促进机理。例如，通过马的毛发促进蛋白质结晶，不同部位毛发的化学组成成分含量和硬度有所不同，即使是同一匹马的一根毛发，也会粗细不同，以上原因都会导致每批成核剂不完全相同，从而影响结晶重复性及效率。随着对成核剂的进一步探究，科学家们制备了修饰有不同化学基团的基底、多孔生物玻璃、分子生物印迹材料以及纳米尺度的孔材料。但是这些体系仍难以做到精确调控成核剂的结构及尺寸，难以揭示成核剂促进蛋白质结晶的原理。因此，如何制备更为精细均一且结构尺寸可调的成核剂，是一项重要且极具挑战性的工作。

DNA 纳米结构技术的出现为解决这一问题提供了可能性。1982 年，Seeman 等人首先提出 DNA 纳米结构技术这一设想，其基本概念是通过 DNA 特有的性质：精确的碱基识别和互补配对原则以及 DNA 序列结构的可设计性，将 DNA 分子当作一种材料构建纳米结构和周期性阵列。从提出至今，DNA 纳米结构技术被科学家们广泛应用于多个领域，40 多年间经历了高速发展，特别是 2006 年 Rothemund 等人提出并设计了不同形状的 DNA 折纸，将结构 DNA 纳米技术提高到一个全新的高度。从此以后，人们可以通过计算机程序设计合成二维及三维形状的 DNA 纳米结构，DNA 折纸以其结构精确可设计、尺寸纳米可调控在药物传输、纳米制造和生物传感等领域被广泛应用。

本章，我们利用 DNA 纳米结构技术合成不同结构的 DNA 折纸，加入至过氧化氢酶蛋白质结晶体系中，观察其对蛋白质结晶的影响。首先，通过合成不同形状的 DNA 折纸——带有孔结构的圆筒状 DNA 折纸（Tube）和平板状 DNA 折纸（Rectangle），比较不同形状的

DNA折纸对蛋白质结晶的影响。其次，精确调节圆筒状DNA的孔径至8 nm、11 nm、22 nm，通过统计结晶成功率探究孔结构是如何影响蛋白质结晶的。为了解释DNA折纸中孔结构对蛋白质结晶的作用机理，将圆筒状DNA的两端全部开口、一端封口或两端封口，分别用于蛋白质结晶。最后，设计合成面积为110 nm×34.5 nm，110 nm×69 nm的平板状DNA折纸，探究不同面积DNA折纸对蛋白质结晶的作用。通过精准合成不同结构、尺寸DNA纳米结构材料，探究其对蛋白质结晶的影响以及机理。

3.2　实验部分

3.2.1　试剂与材料

过氧化氢酶蛋白质(catalase,货号C40)、2-甲基-1,3-丙二醇(MPD)购买于 Sigma 试剂公司，聚乙二醇（分子量 4000，PEG-4000）购置于 Alfa Aesar 试剂公司，4-羟乙基哌嗪乙磺酸（HEPES）购买于欣经科生物科技有限公司，乙酸（CH_3COOH）购买于天津富光试剂公司。乙酸镁（$Mg(OAc)_2$）、三羟甲基氨基甲烷（Tris）、乙二胺四乙酸（EDTA）、氢氧化钠购买于天津富晨试剂公司。本章所用 1×TAE-Mg^{2+} 缓冲液的浓度为 12.5 mmol/L $Mg(OAc)_2$，20 mmol/L CH_3COOH，40 mmol/L Tris，2 mmol/L EDTA，乙酸调 pH 至 8.0。用于溶解蛋白质的缓冲液为 25 mmol/L HEPES（pH=7.0），用于置换 DNA 折纸以及结晶蛋白质的沉淀剂为 25 mmol/L HEPES（pH=7.0）、5% w/v PEG-4000、5% v/v MPD。以上所有配置溶液使用前均用 0.22μm 的水系过滤器过滤。M13mp18 单链 DNA 购置于 New England Biolabs 公司（货号 N4040S），初始浓度为 100 mmol/L。DNA 折纸所需铆钉链均购置于梓熙生物公司，序列如附图 2 ~附图 9 所示。

3.2.2 仪器

本实验所用仪器及其所属公司如表 3-1 所示。

表 3-1 实验仪器及其所属公司

实验仪器	公司
掌上离心机	北京大龙仪器公司
高速冷冻离心机	德国艾本德仪器有限公司
电子天平	梅特勒 - 托利多仪器有限公司
纯水仪	密理博中国有限公司
恒温培养箱（MD5-02）	德国 Molecular Dimensions Limited 公司
pH 计	梅特勒 - 托利多仪器有限公司
原子力显微镜（MultiMode VIII）	布鲁克科技有限公司
紫外 - 可见光谱仪	安捷伦公司
数码体式显微镜（SZM-7045T4）	重庆留辉科技有限公司
PCR 扩增仪	东胜公司
滴胶仪（AD-982）	藤原公司

3.2.3 实验操作

DNA 铆钉链和 DNA 模板链 M13mp18 按照 10 ： 1 的浓度比例在 1×TAE-Mg^{2+} 缓冲液中充分混合，其中模板链 DNAM13mp18 的浓度为 10 nmol/L；为了最终使模板长链充分反应，DNA 铆钉链短链过量 10 倍。混合物经 PCR 扩增仪程序退火，以 −0.01 ℃/s 的速度从 95 ℃ 降至 15 ℃。得到的组装体用结晶沉淀剂（25 mmol/L HEPES（pH=7.0）、5% w/

v PEG-4000、5% v/v MPD）、100 k 超滤管高速冷冻离心置换纯化 3 次，用于去掉过量未反应的短链 DNA 以及将目标产物 DNA 折纸置换至结晶沉淀剂中待用。离心条件为 2000 rcf，单次 10 min，4 ℃。纯化置换后的 DNA 折纸通过紫外分光光度计测定其在 260 nm 处紫外吸收值确定浓度。然后将 DNA 折纸稀释成 2 nmol/L、4 nmol/L、6 nmol/L，存储于 4 ℃ 冰箱中待用。

在本章的实验中，我们设计了 3 个对照组：第一个对照组是未加 DNA 的蛋白质结晶体系；第二个对照组是加入浓度为 10 nmol/L 的 M13mp18 单链 DNA（M13）；第三个对照组加入浓度为 10 nmol/L 的 M13mp18 单链 DNA 和序列随意的 DNA 短链混合物（M13rs）。第二个对照组和第三个对照组相比于 DNA 折纸，是没有结构的、散在溶液中的 DNA。

本章中所有原子力显微镜表征均为液相扫描，使用 1×TAE-Mg^{2+} 缓冲液。将 2 μL 置换纯化后的 6 nmol/L 的 DNA 折纸和 8 μL 的缓冲液混合置于干净的云母片基底之上，静置 5min 后即可用于测试。扫描模式为液相扫描，Setpoint 值为 0.02 ~ 0.03，扫描速度为 0.996 Hz，Feedback Gain 值为 10 ~ 15。扫描探针为布鲁克公司的 ScanAsyst-Fluid^{+} 探针，共振频率为 150 kHz，弹性系数为 0.7 N/m，扫描头为 E Scanner。

需要配置的过氧化氢酶蛋白质溶液浓度分别为 1.0 mg/mL、1.5 mg/mL、3.0 mg/mL、5.0 mg/mL、7.0 mg/mL。蛋白质溶液需要现配现用。用电子天平称量适量的蛋白质粉末，溶于 25 mmol/L HEPES（pH=7.0）缓冲液中，离心震荡三次至蛋白质溶解，再用 0.22 μm 的水系过滤器过滤蛋白质溶液，将准备好的蛋白质溶液置于 4 ℃ 冰箱中备用。

实验使用悬滴法，如图 3-1 所示。蛋白质的浓度分别为 1.0 mg/mL、1.5 mg/mL、3.0 mg/mL、5.0 mg/mL、7.0 mg/mL，DNA 折纸浓度为 2 nmol/L、4 nmol/L、6 nmol/L。

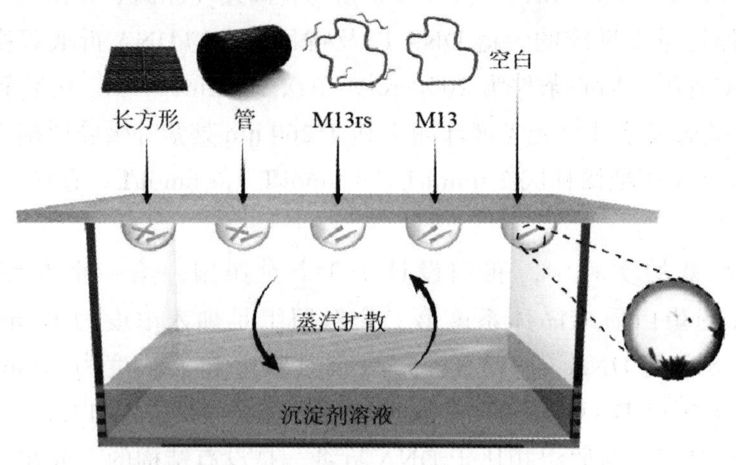

图 3-1　蛋白质结晶的实验装置图

在结晶孔中加入 333 μL 沉淀剂，实验组中硅化玻片的液滴由 1.5 μL 的蛋白质溶液和 1.5 μL 含 DNA 折纸（Tube 和 Rectangle）的沉淀剂组成。对照组有 3 类：第一类对照组（Blank）为硅化玻片的液滴由 1.5 μL 的蛋白质溶液和 1.5 μL 相应结晶孔中的沉淀剂组成；第二类对照组（M13）为硅化玻片液滴，由 1.5 μL 的蛋白质溶液和 1.5 μL 含 M13 的沉淀剂组成；第三类对照组（M13rs）为硅化玻片液滴由 1.5 μL 的蛋白质溶液和 1.5 μL 含 M13rs 的沉淀剂组成。结束操作后将 24 孔板置于 4℃ 的恒温结晶箱，连续两周用光学显微镜拍照记录晶体。每批实验重复 48 次，一共做 3 批，即每个实验条件重复 144 次。

3.3　结果与讨论

3.3.1　DNA 折纸在蛋白质结晶沉淀剂中的稳定性

进行结晶实验之前，首先通过原子力显微镜（AFM）观察经过过氧化氢酶蛋白质结晶沉淀剂置换的 DNA 折纸是否能在蛋白质结晶体系中保持完整并稳定存在。圆筒状 DNA 折纸和平板状 DNA 折纸在 1×TAE-Mg^{2+} 组装缓冲液，以及经过蛋白质沉淀剂置换后的 AFM 表征图片如图 3-2 所示。

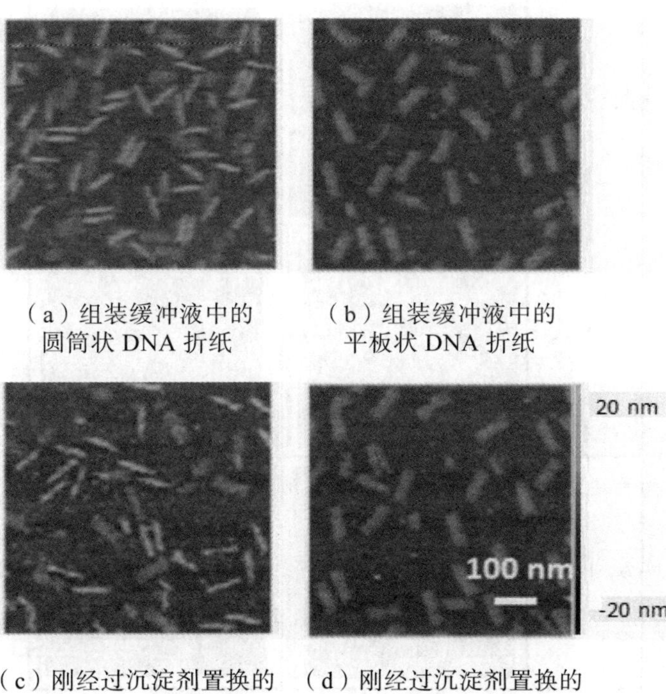

（a）组装缓冲液中的圆筒状 DNA 折纸　（b）组装缓冲液中的平板状 DNA 折纸

（c）刚经过沉淀剂置换的圆筒状 DNA 折纸　（d）刚经过沉淀剂置换的平板状 DNA 折纸

图 3-2　AFM 图

图3-2（a）中圆筒状DNA折纸直径为11 nm，长110 nm，高度为4 nm，在图3-2（a）中既有圆筒状DNA折纸，又有少量的平板状DNA折纸，且圆筒状DNA的比例大约为70%，这是由于圆筒状DNA折纸是由两边可互补配对的平板状DNA折纸得到的，产率并未达到100%；图3-2（b）平板状DNA折纸长110 nm，宽34.5 nm，高度2 nm。用蛋白质沉淀剂置换过后，立刻进行AFM表征，如图3-2（c）和图3.2（d）所示。DNA折纸经过沉淀剂置换形貌仍然保持完整，说明沉淀剂并不会破坏DNA折纸的结构。

过氧化氢酶蛋白质结晶周期大约为15d，为了确保在蛋白质结晶过程中，DNA折纸仍然可以保持结构的稳定性，通过AFM连续观察DNA折纸形貌15d。经过蛋白质结晶沉淀剂置换的圆筒状DNA折纸以及平板状DNA折纸在第一天、第五天、第十天以及第十五天的AFM图如图3-3所示。通过AFM测试，表明圆筒状的DNA折纸和平板状的DNA折纸可以在过氧化氢酶整个结晶过程中保持稳定与完整。

天	Tube	Rectangle
第1天		
第5天		
第10天		

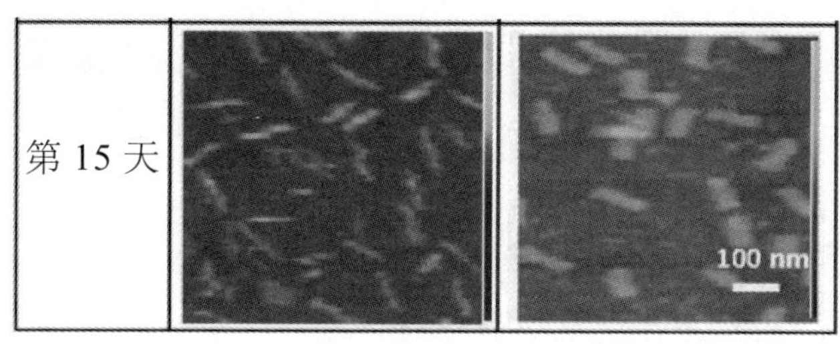

图 3-3　AFM 图

3.3.2　DNA 折纸对于蛋白质结晶的影响

我们通过统计含有蛋白质晶体的液滴数目与总液滴数目的比值，即结晶成功率，来判断 DNA 折纸促进蛋白质结晶的作用大小。

蛋白质浓度为 1.0 mg/mL 时，空白组（Blank）、加入 6 nmol/L 的圆筒状 DNA 折纸（Tube）、平板状 DNA 折纸（Rectangle）、M13（M13）以及 M13 和非互补的随机散链（M13rs）的蛋白质结晶成功率（4 ℃，连续观察 11d）如图 3-4 所示。当过氧化氢酶蛋白质浓度为 1.0 mg/mL 时，空白组蛋白质的结晶成功率仅为不到 2%。当加入 6 nmol/L 的对照组散链 DNA，M13 或者 M13rs 时，蛋白质的结晶成功率提升至 4%。当加入相同浓度的 DNA 折纸（圆筒状 DNA 折纸或者平板状 DNA 折纸）之后，蛋白质结晶成功率升高至 15% 以上，提高了 6 倍之多。而 1.0 mg/mL 的空白组蛋白质，由于浓度过低难以结晶。当加入有结构的 DNA 折纸之后，蛋白质的结晶成功率显著增加。此结果说明 DNA 折纸结构促进了蛋白质结晶。

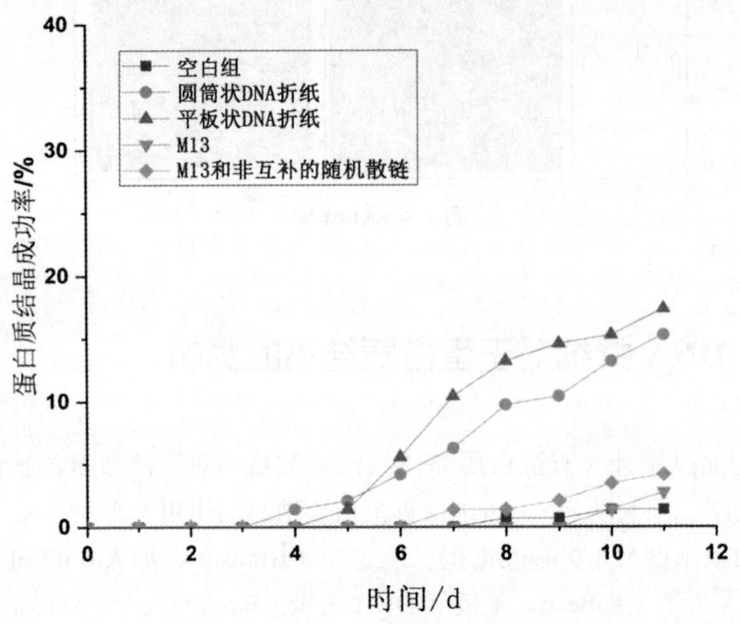

图 3-4 蛋白质浓度：1.0 mg/mL

蛋白质浓度为 1.5 mg/mL 时，空白组（Blank）、加入 6 nmol/L 的圆筒状 DNA 折纸（Tube）、平板状 DNA 折纸（Rectangle）、M13（M13）以及 M13 和非互补的随机散链（M13rs）的蛋白质结晶成功率（4 ℃，连续观察 11d）如图 3-5 所示。当蛋白质浓度为 1.5 mg/mL 时，加入 DNA 折纸使蛋白质结晶成功率由 4.2% 升至 23% 以上，提高了大约 5 倍。而加入散链 DNA（M13，M13rs）的蛋白质结晶成功率只提高了 2 倍。

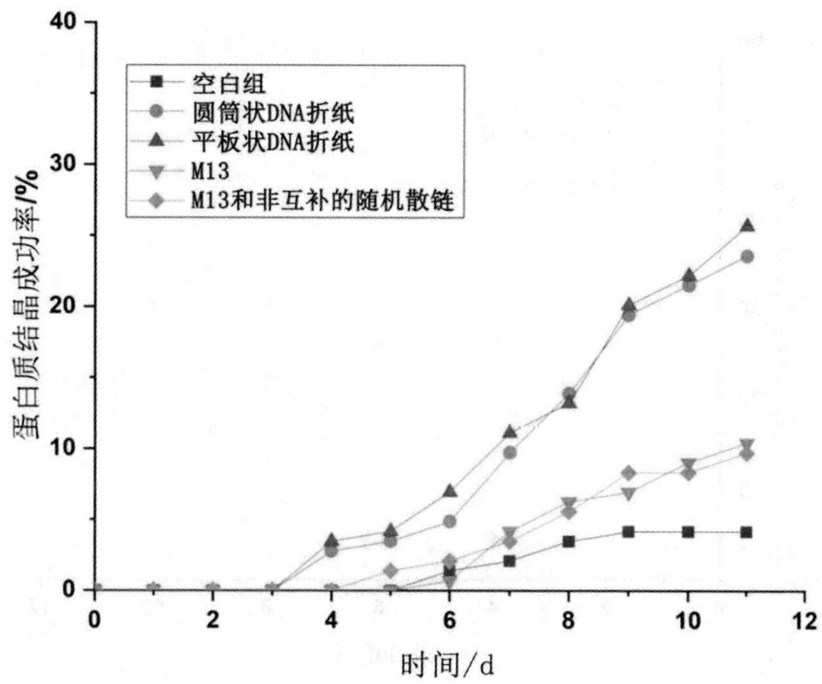

图 3-5　蛋白质浓度：1.5 mg/mL

蛋白质浓度为 3.0 mg/mL 时，空白组（Blank）、加入 6 nmol/L 的圆筒状 DNA 折纸（Tube）、平板状 DNA 折纸（Rectangle）、M13（M13）以及 M13 和非互补的随机散链（M13rs）的蛋白质结晶成功率（4 ℃，连续观察 11d）如图 3-6 所示。当蛋白质浓度为 3.0 mg/mL 时，空白组蛋白质的结晶成功率为 26%。当在结晶系统中分别加入圆筒状 DNA 折纸和平板状 DNA 折纸之后，蛋白质的结晶成功率达到 42% 和 39%。加入 M13 和 M13rs 的蛋白质结晶成功率也稍有提升，分别为 32% 和 30%。

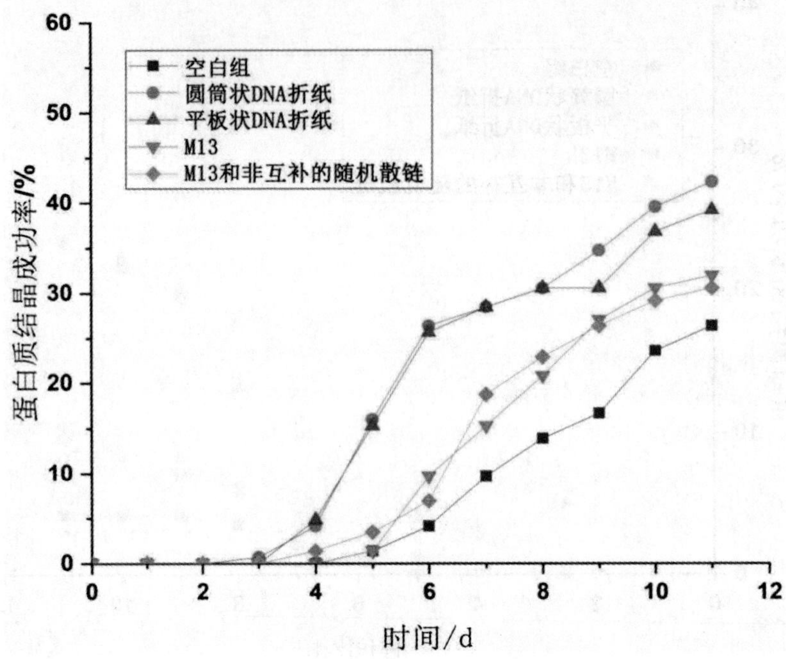

图 3-6　蛋白质浓度：3.0 mg/mL

蛋白质浓度为 5.0 mg/mL 时，空白组（Blank）、加入 6 nmol/L 的圆筒状 DNA 折纸（Tube）、平板状 DNA 折纸（Rectangle）、M13（M13）以及 M13 和非互补的随机散链（M13rs）的蛋白质结晶成功率（4 ℃，连续观察 11d）如图 3-7 所示。当蛋白质浓度为 5.0 mg/mL 时，蛋白质的结晶成功率为 36%。6 nmol/L 的圆筒状 DNA 折纸和平板状折纸的加入均会使蛋白质结晶成功率提高至 54%。而此时加入 M13 和 M13rs 对蛋白质结晶成功率并无明显的作用。

蛋白质浓度为 7.0 mg/mL 时，空白组（Blank）、加入 6 nmol/L 的圆筒状 DNA 折纸（Tube）、平板状 DNA 折纸（Rectangle）、M13（M13）以及 M13 和非互补的随机散链（M13rs）的蛋白质结晶成功率（4 ℃，连续观察 11d）如图 3-8 所示。当蛋白质浓度为 7.0 mg/mL 时，加入有结构的 DNA 折纸以及散链 DNA 均对蛋白质结晶成功率稍有提高，但是作用不明显。这是由于 7.0 mg/mL 蛋白质浓度较高，较易达到其溶液过饱和度而结晶，故外加添加剂的作用减小。

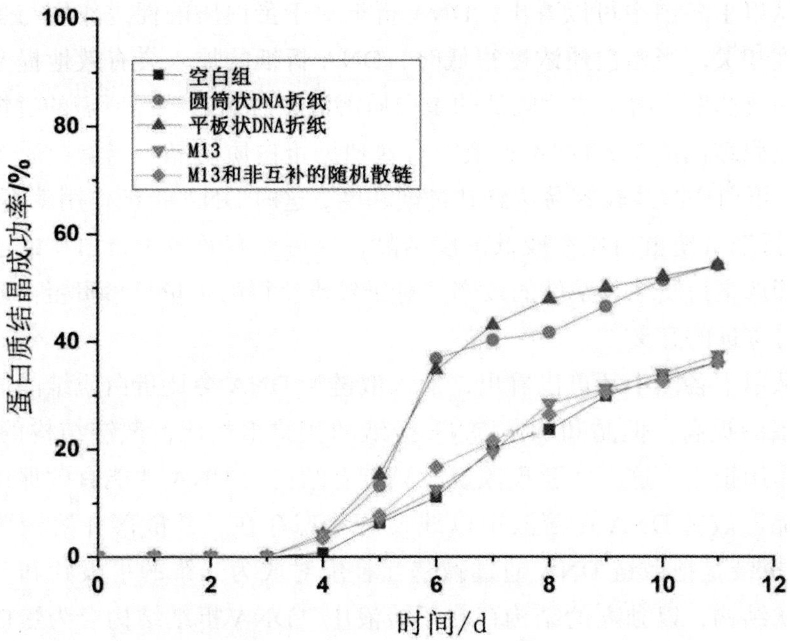

图 3-7　蛋白质浓度：5.0 mg/mL

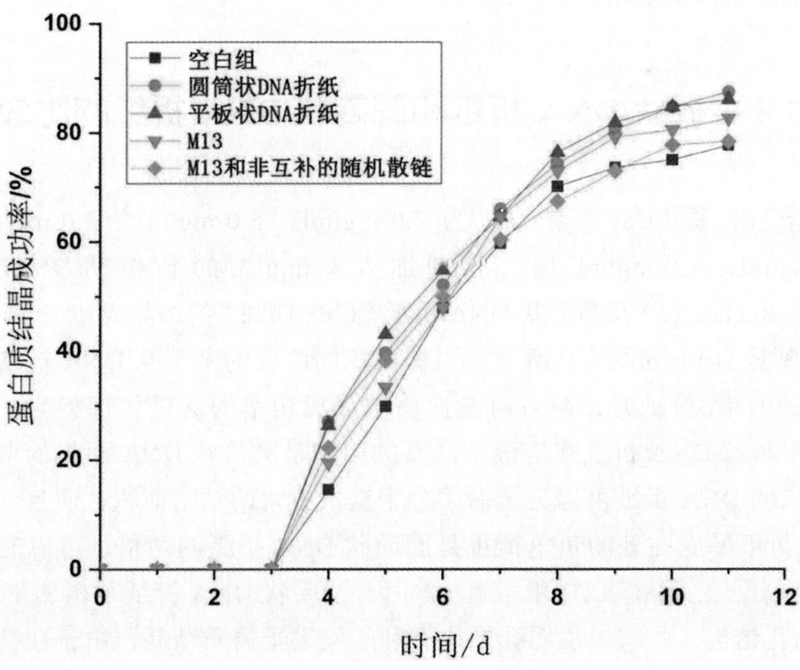

图 3-8　蛋白质浓度：7.0 mg/mL

从以上各图中可以看出，DNA 折纸对于蛋白质的促进作用与蛋白质的浓度相关。当蛋白质浓度很低时，DNA 折纸的加入会有效地提升蛋白质结晶成功率。由于浓度较低的蛋白质溶液很难达到结晶所需的过饱和度以及克服结晶能垒，DNA 折纸能有效辅助蛋白质结晶。当蛋白质浓度较高时，蛋白质溶液较容易达到其过饱和度，这时 DNA 折纸作用就不明显。DNA 折纸可使蛋白质在较低浓度结晶，这可以有效减少蛋白质的浪费，提高筛选蛋白质结晶条件的效率，对于较难获得的少量且珍贵蛋白质的结晶有着深远的意义。

从以上各图中还可以看出，加入散链型 DNA 会让蛋白质结晶成功率有小幅的提高。但是和加入 DNA 折纸的实验组相比，散链结构的 DNA 促进作用很小。这一实验现象说明只有有结构的 DNA 才能有效促进蛋白质结晶。散链 DNA 在溶液中以线型的状态存在，并散落在溶液中。而 DNA 折纸是把散链 DNA 通过碱基互补配对成为二维的平板状和三维的圆筒状结构，以独立的结构存在于溶液中。DNA 折纸结构会为蛋白质提供大量集中的粘附点，从而使蛋白质有效聚集，提高蛋白质溶液的局部浓度，达到过饱和度，利于结晶。因此可以得出，有结构的 DNA 才能更有效地促进蛋白质结晶。

3.3.3 平板状 DNA 折纸和圆筒状 DNA 折纸的比较

蛋白质（Cat）浓度为 7.0 mg/mL、5.0 mg/mL、3.0 mg/mL、1.5 mg/mL、1.0 mg/mL 时，分别加入 6 nmol/L 的平板状 DNA 折纸（Cat+Rectangle）及圆筒状 DNA 折纸（Cat+Tube）的结晶成功率（4 ℃，连续观察 11d）如图 3-9 所示。当加入相同浓度的平板状 DNA 折纸和圆筒状的 DNA 折纸时，两者对蛋白质结晶成功率的促进作用相当。一方面，平板状 DNA 折纸在溶液中暴露的面积是圆筒状 DNA 面积的两倍，平板状的 DNA 折纸可以为蛋白质分子提供更大的粘附面积；而且平板状 DNA 折纸暴露在外的负电荷也是圆筒状 DNA 折纸的两倍，可以有效与蛋白质分子之间相互作用。另一方面，圆筒状 DNA 折纸结构两端含 11 nm 的孔结构。此结果说明孔结构有利于促进蛋白质结晶，由于在孔结构中可以有效降低蛋白质成核能垒，尤其是当蛋白质水合半径与孔结构的孔径尺寸相当时，孔结构对蛋白质成核的作用最大[83, 155-157]。综上所述，鉴于平板状 DNA 折纸和圆筒状 DNA 折纸各自有其独特的优势，因此两者对于蛋白质结晶的促进作用相当。

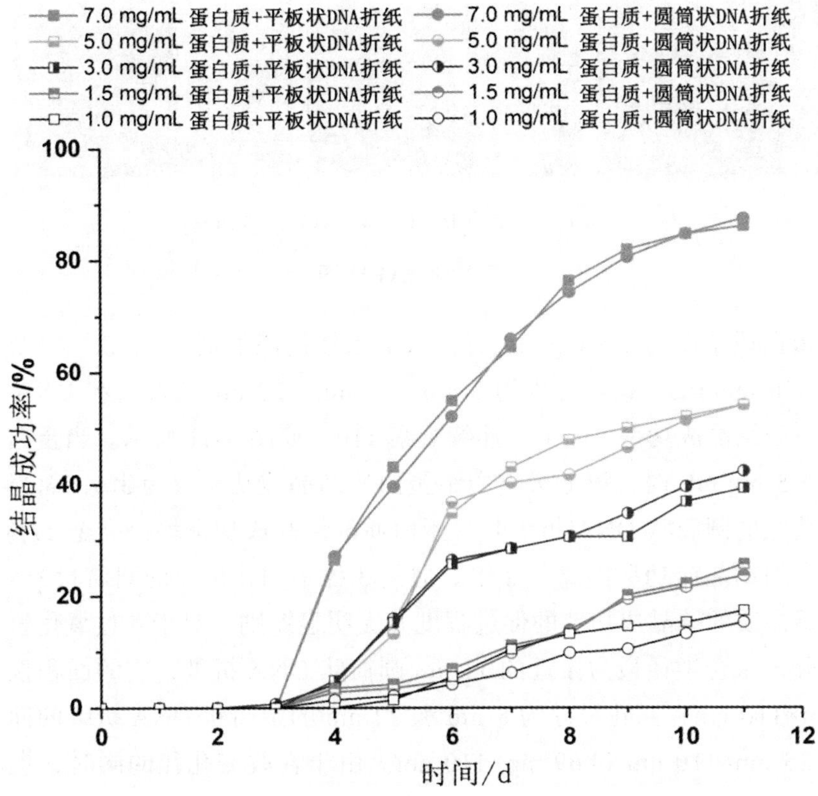

图 3-9 平板状 DNA 折纸和圆筒状 DNA 折纸的比较

3.3.4 不同孔径的圆筒状 DNA 折纸对蛋白质结晶的影响

孔效应对蛋白质结晶有一定的促进作用。过氧化氢酶蛋白质分子的水合半径为 10 ~ 12 nm，当孔尺寸与蛋白质的水合半径相当时，可以有效促进蛋白质的成核[145]。为此，我们设计了不同孔尺寸的圆筒状 DNA 折纸，孔径分别为 8 nm、11 nm 和 22 nm。孔直径分别为 8 nm、11 nm、22 nm

的圆筒状DNA折纸的AFM图如图3-10所示。

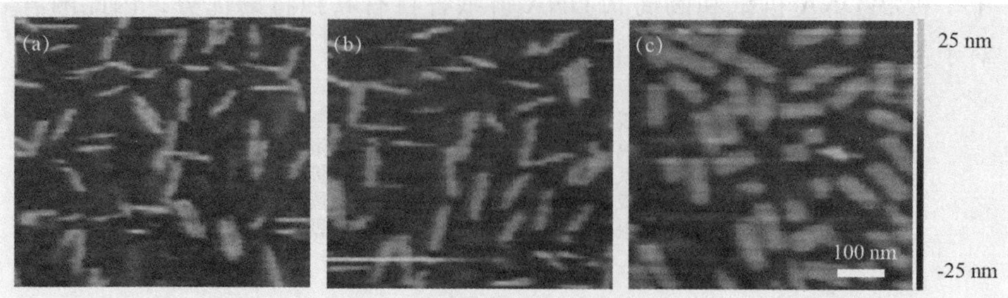

（a）8 nm；（b）11 nm；（c）22 nm

图3-10 AFM图

蛋白质浓度为1.5 mg/mL时，未加入任何添加剂（Blank）以及加入浓度为6 nmol/L、孔径分别为8 nm、11 nm、22 nm的圆筒状DNA折纸的蛋白质结晶成功率（4 ℃，连续观察11d）如图3-11所示。当蛋白质浓度为1.5 mg/mL时，第七天空白组蛋白质结晶成功率仅为3%；而当加入不同孔径的圆筒状DNA折纸时，蛋白质的结晶成功率均提高至27%，相比空白组结晶成功率提高了8倍。但是3种不同孔尺寸的圆筒状DNA折纸对蛋白质的结晶成功率的促进程度并无明显差别。对于和过氧化氢酶蛋白质分子水合半径最为接近的11 nm圆筒状DNA折纸，它的面积仅为约35 nm×110 nm；而孔尺寸为8 nm和22 nm的圆筒状DNA折纸的面积分别为25 nm×110 nm和69 nm×110 nm。由于在改变孔径的同时，也改变了圆筒状DNA折纸面积。3种圆筒状DNA折纸在溶液中暴露的面积有差异，导致表面所含的负电荷有所不同，和蛋白质分子之间的相互作用也不相同。

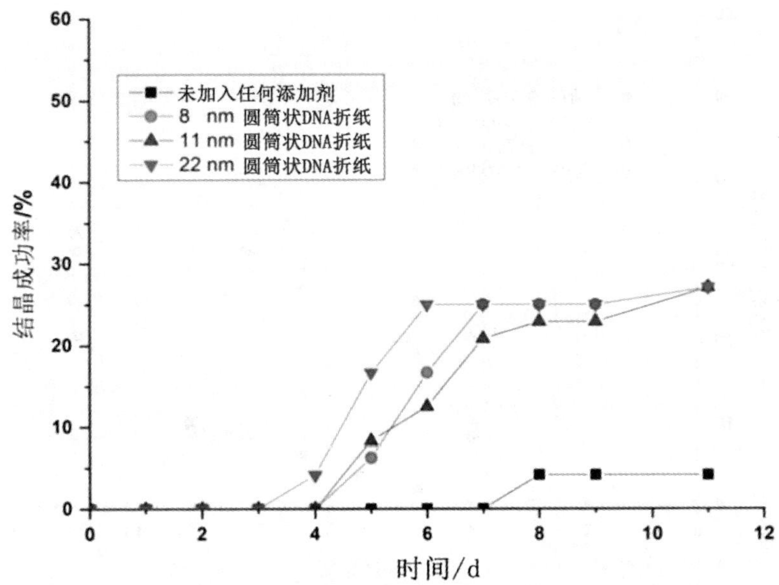

图 3-11 蛋白质浓度：1.5 mg/mL

蛋白质浓度为 3.0 mg/mL 时，未加入任何添加剂（Blank）以及加入浓度为 6 nmol/L、孔径分别为 8 nm、11 nm、22 nm 的圆筒状 DNA 折纸的蛋白质结晶成功率（4 ℃，连续观察 11d）如图 3-12 所示。

蛋白质浓度为 5.0 mg/mL 时，未加入任何添加剂（Blank）以及加入浓度为 6 nmol/L、孔径分别为 8 nm、11 nm、22 nm 的圆筒状 DNA 折纸的蛋白质结晶成功率（4 ℃，连续观察 11 d）如图 3-13 所示。当蛋白质浓度增大为 5.0 mg/mL 时，蛋白质溶液本身较容易达到其过饱和度而结晶。此时，加入不同孔尺寸的圆筒状 DNA 对蛋白质结晶成功率并无明显的提高。此结果说明不同尺寸的圆筒状 DNA 折纸会促进蛋白质结晶，且在蛋白质浓度较低时促进效果明显。但是不同孔径尺寸的圆筒状 DNA 折纸对蛋白质结晶成功率的促进作用无明显差别。

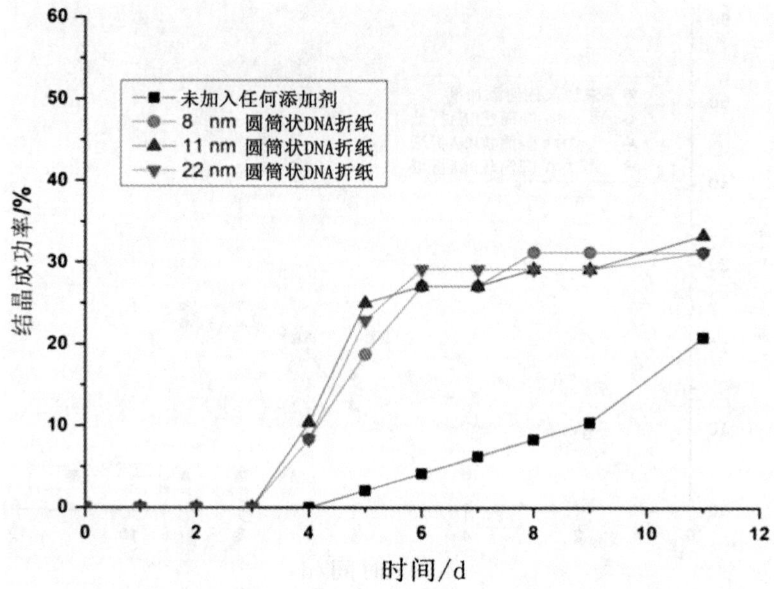

图 3-12　蛋白质浓度：3.0 mg/mL

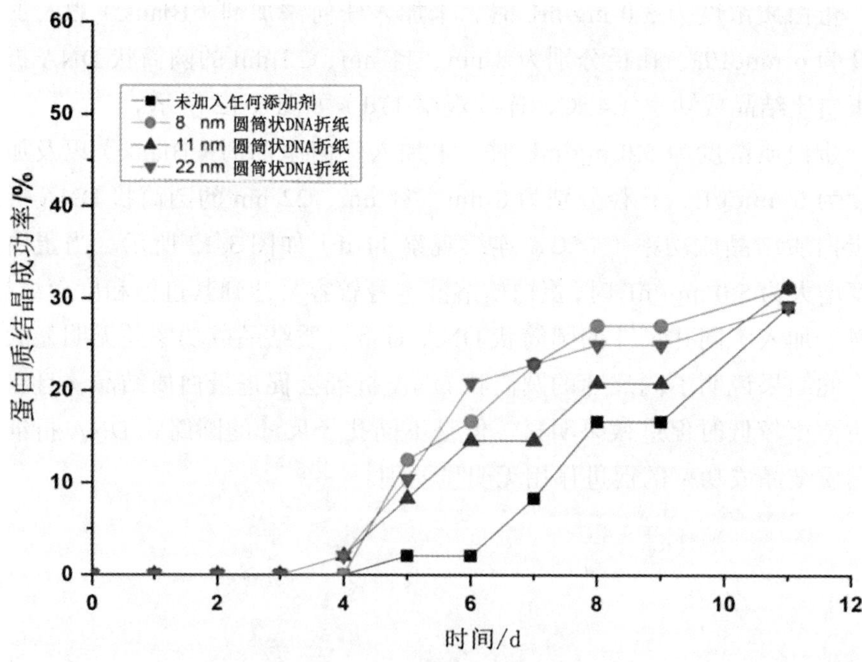

图 3-13　蛋白质浓度：5.0 mg/mL

3.3.5　圆筒状 DNA 折纸封端对蛋白质结晶的影响

为了进一步验证是否有孔效应的影响，我们在圆筒状 DNA 折纸端口加入互补的 DNA 单链，在圆桶口形成严密的 DNA 双链“门”。将孔大小为 11 nm 的圆筒状 DNA 折纸设计成两端开口，在两端开口处各锚定 11 条伸链，此时的圆筒状 DNA 折纸两端是开着的。由于 DNA 单链具有较强的柔性，当加入与一端互补的 DNA 单链时（见图 3-14（A）），圆筒状 DNA 折纸一端成为具有刚性的 DNA 双链，并且体积明显大于单链，像一扇门堵住了圆筒的一端。此时，DNA 折纸的一端封闭。

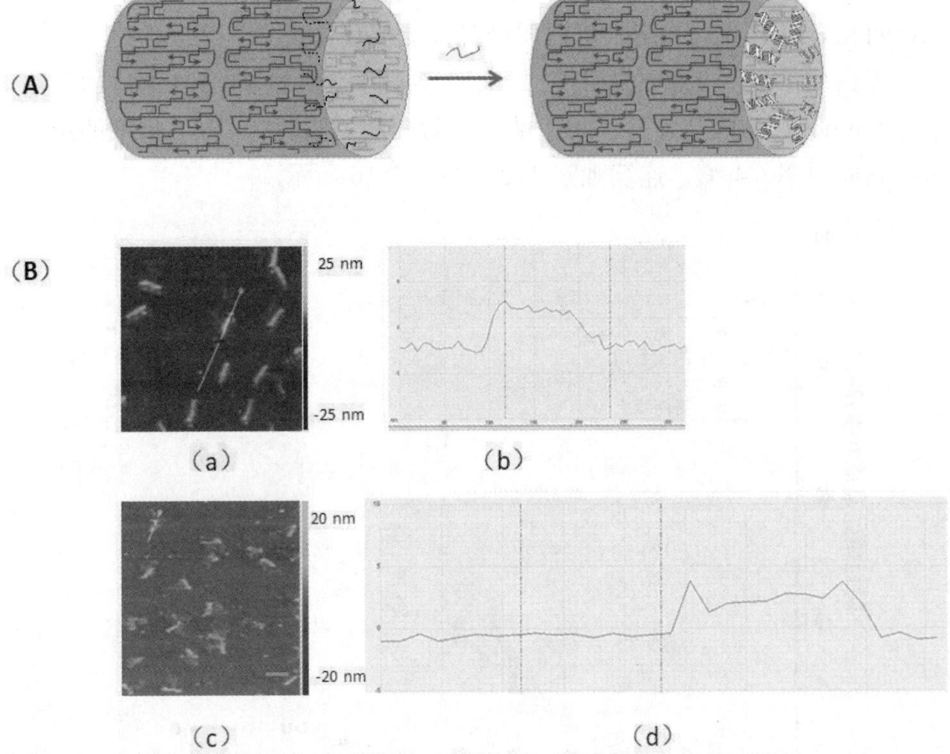

（a）（b）的圆筒状 DNA 折纸的 AFM 图以及两端封口；
（c）（d）的圆筒状 DNA 折纸的 AFM 图（比例尺为 100 nm）

图 3-14　封端示意图与 AFM 图

当加入与圆筒两端互补配对的 DNA 单链时，圆筒状 DNA 折纸两端均为 DNA 双链伸链，成为两端封闭的圆筒状 DNA 折纸。通过控制在圆筒状 DNA 折纸一端或者两端加入碱基互补配对的 DNA 单链，使圆筒状 DNA 折纸封一端以及封两端。通过用 AFM 检测，从图 3-14（B）的第二幅图中可以看到一端凸起的封一端圆筒状 DNA 折纸，图 3-14（B）的最后一幅图中则是两端凸起的封两端 DNA 折纸。

蛋白质浓度为 1.5 mg/mL 时，未加入任何添加剂（Blank）、加入浓度为 6 nmol/L 的两端开口、封一端以及封两端的圆筒状 DNA 折纸的蛋白质结晶成功率（4 ℃，连续观察 11d）如图 3-15 所示。当蛋白质浓度为 1.5 mg/mL 时，蛋白质几乎不结晶。而当加入 6 nmol/L 的两端开口、封一端、封两端的圆筒状 DNA 折纸时，均可以将蛋白质结晶成功率提高至 15% 左右，但是 3 种圆筒状 DNA 折纸对蛋白质结晶的影响并无明显区别。此结果说明孔效应对 1.5 mg/mL 蛋白质结晶并无明显体现。

蛋白质浓度为 3.0 mg/mL 时，未加入任何添加剂（Blank）、加入浓度为 6 nmol/L 的两端开口、封一端以及封两端的圆筒状 DNA 折纸的蛋白质结晶成功率（4 ℃，连续观察 11d）如图 3-16 所示。

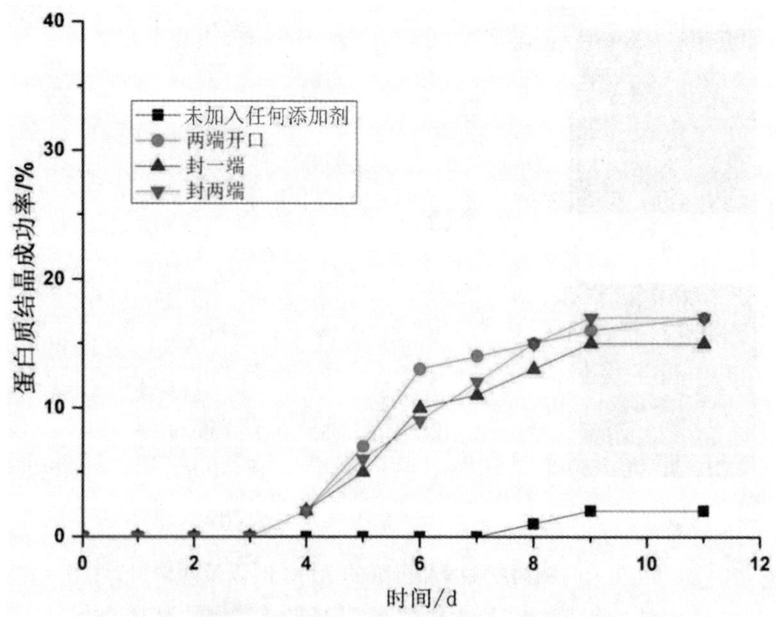

图 3-15　蛋白质浓度：1.5 mg/mL

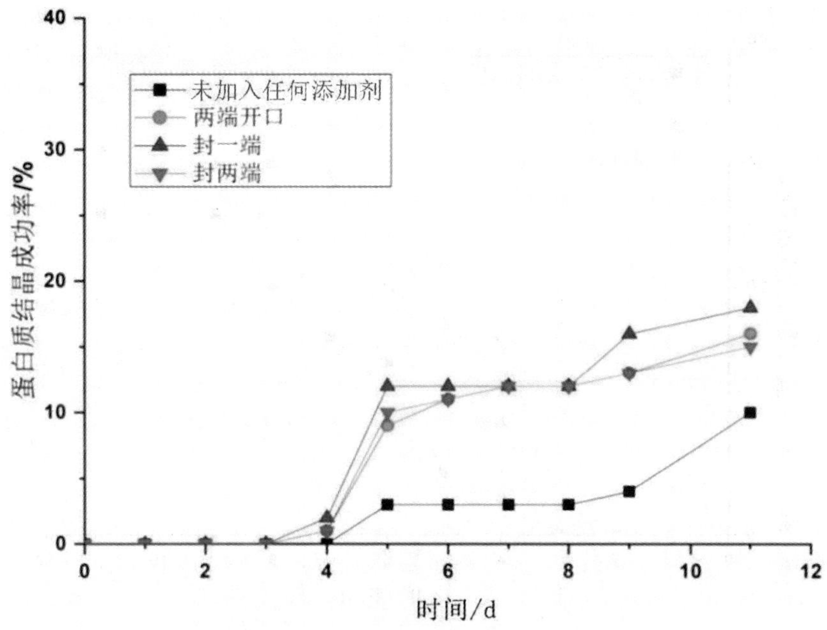

图 3-16　蛋白质浓度：3.0 mg/mL

蛋白质浓度为 5.0 mg/mL 时，未加入任何添加剂（Blank）、加入浓度为 6 nmol/L 的两端开口、封一端以及封两端的圆筒状 DNA 折纸的蛋白质结晶成功率（4 ℃，连续观察 11d）如图 3-17 所示。当蛋白质浓度为 5.0 mg/mL 时，蛋白质结晶的浓度为 25%。而当加入 6 nmol/L3 种圆筒状 DNA 折纸时，两端开口的圆筒状 DNA 折纸对蛋白质结晶的促进效果最明显，可以达到 38%。而封一端以及封两端的圆筒状 DNA 折纸都会不同程度地促进蛋白质结晶成功率。此实验现象说明一定孔径大小的圆筒状 DNA 折纸对一定浓度蛋白质有明显的促进作用。在溶液中，蛋白质分子和 DNA 折纸均处于游离状态，蛋白质分子更倾向于与 DNA 折纸的表面接触，而非侧面的孔状结构。这就使蛋白质分子进入圆筒状 DNA 折纸的侧面孔结构概率很小。需要合适的蛋白质浓度以及 DNA 折纸浓度，才能最大限度地发挥通过孔效应促进蛋白质结晶的作用。

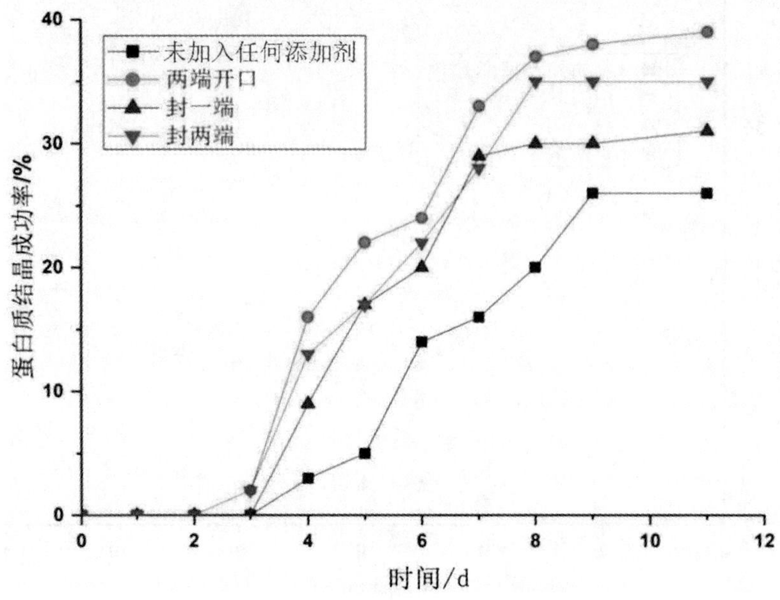

图 3-17　蛋白质浓度：5.0 mg/mL

3.3.6　不同面积平板状 DNA 折纸对蛋白质结晶的影响

为了继续探究 DNA 折纸促进蛋白质结晶的原理，我们在蛋白质结晶体系中使用两种不同面积的平板状 DNA 折纸：110 nm×34.5 nm 以及 110 nm×69 nm 的平板状 DNA 折纸。

蛋白质浓度为 1.5 mg/mL 时，未加入任何添加剂（Blank）、加入浓度为 6 nmol/L 的 110 nm×34.5 nm 以及 110 nm×69 nm 平板状 DNA 折纸的蛋白质结晶成功率（4 ℃，连续观察 11d）如图 3-18 所示。当蛋白质浓度为 1.5 mg/mL 时，空白组蛋白质几乎不能结晶。而加入不同面积的平板状 DNA 折纸之后，蛋白质的结晶成功率均提高至 15% 以上。而 110 nm×69 nm 的平板状 DNA 折纸对蛋白质结晶的促进作用稍高于 110 nm×34.5 nm 的平板状 DNA 折纸，说明面积较大的平板状 DNA 折纸促进作用更强。当 DNA 折纸的面积较大时，会给蛋白质分子提供更大的聚集面积和非特异性作用位点。

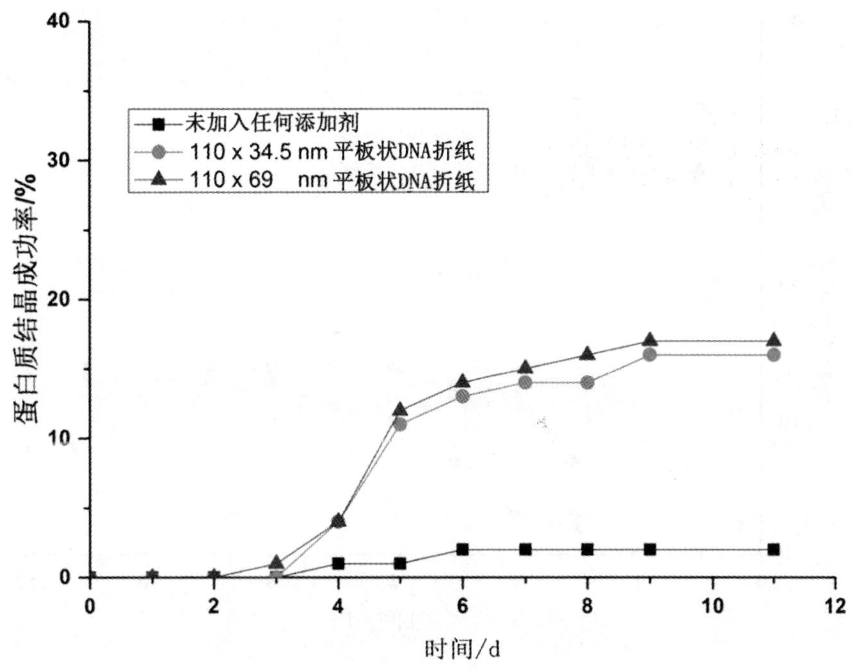

图 3-18　蛋白质浓度：1.5 mg/mL

蛋白质浓度为 3.0 mg/mL 时，未加入任何添加剂（Blank）、加入浓度为 6 nmol/L 的 110 nm×34.5 nm 以及 110 nm×69 nm 平板状 DNA 折纸的蛋白质结晶成功率（4 ℃，连续观察 11d）如图 3-19 所示。当蛋白质浓度为 3.0 mg/mL 时，对照组第十一天时蛋白质结晶成功率和加入不同面积平板状 DNA 折纸的结晶成功率相当。但是在前 8 天，相比空白组，加入平板状 DNA 折纸的蛋白质结晶成功率斜率更大，说明结晶速度更快。面积最大的 110 nm×69 nm 的平板状 DNA 折纸使蛋白质结晶速率最快，说明 DNA 折纸面积对蛋白质结晶有一定的影响。

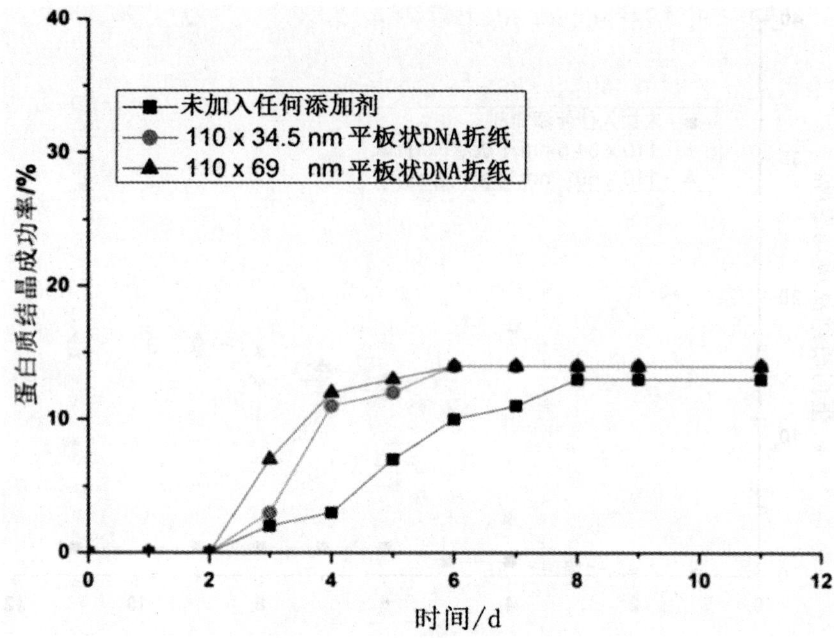

图 3-19 蛋白质浓度：3.0 mg/mL

蛋白质浓度为 5.0 mg/mL 时，未加入任何添加剂（Blank）、加入浓度为 6 nmol/L 的 110 nm×34.5 nm 以及 110 nm×69 nm 平板状 DNA 折纸的蛋白质结晶成功率（4 ℃，连续观察 11d）如图 3-20 所示。当蛋白质浓度为 5.0 mg/mL 时，蛋白质浓度稍高，此时加入平板状 DNA 折纸，对于蛋白质结晶的促进作用已不再明显。DNA 折纸促进蛋白质结晶需要合适的蛋白质浓度，尤其当蛋白质浓度越低时，促进作用越明显。

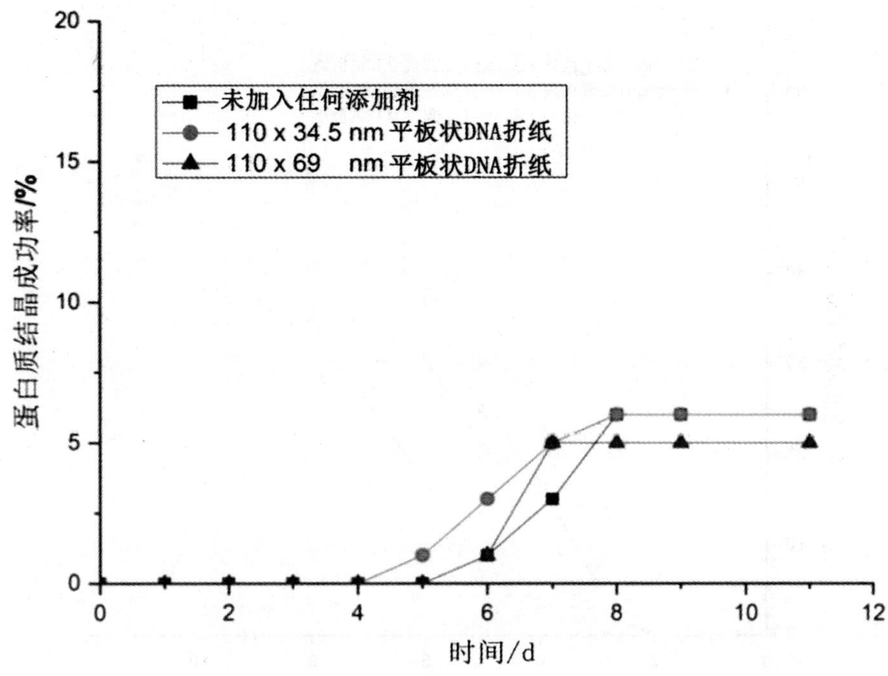

图 3-20　蛋白质浓度：5.0 mg/mL

3.3.7　不同浓度 DNA 折纸对蛋白质结晶的影响

蛋白质浓度为 5.0 mg/mL 时，不加入任何添加剂以及加入 2 nmol/L、4 nmol/L、6 nmol/L 圆筒状 DNA 折纸的蛋白质结晶成功率（4 ℃，连续观察 11d）如图 3-12 所示。当蛋白质浓度为 5.0 mg/mL 时，分别加入 2 nmol/L、4 nmol/L、6 nmol/L 的圆筒状 DNA 折纸，蛋白质的结晶成功率依次增大。空白组第十一天时蛋白质结晶成功率为 35%，加入 2 nmol/L 的圆筒状 DNA 折纸会使蛋白质结晶成功率提升至 47%。加入 4 nmol/L 的圆筒状 DNA 折纸，蛋白质的结晶成功率提高至 53%。继续提高圆筒状 DNA 折纸的浓度到 6 nmol/L 时，蛋白质的结晶成功率只有小幅的提升。

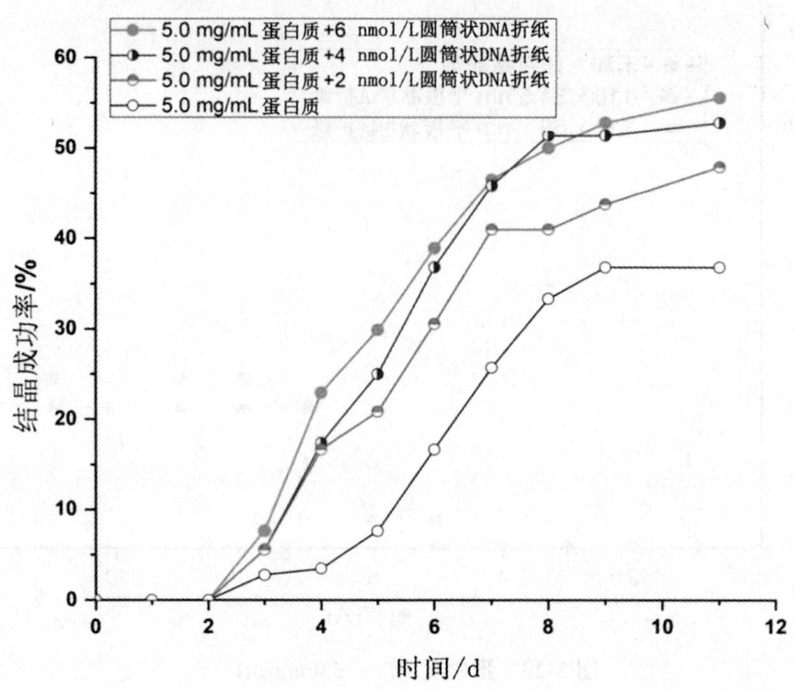

图 3-21　蛋白质浓度：5.0 mg/mL（圆筒状 DNA 折纸）

蛋白质浓度为 5.0 mg/mL 时，不添加任何添加剂以及加入 2 nmol/L、4 nmol/L、6 nmol/L 平板状 DNA 折纸的蛋白质结晶成功率（4 ℃，连续观察 11d）如图 3-22 所示。同样地，当加入不同浓度的平板状 DNA 折纸之后，蛋白质的结晶成功率也随着平板状 DNA 折纸的浓度增高而增大。此结果说明一定蛋白质浓度范围之内，DNA 折纸的浓度越高，对蛋白质结晶的促进作用越强。当体系中的 DNA 折纸结构越多时，蛋白质可粘附的面积也就越大，因此浓度较大的 DNA 折纸会更大程度地促进过氧化氢酶蛋白质结晶。

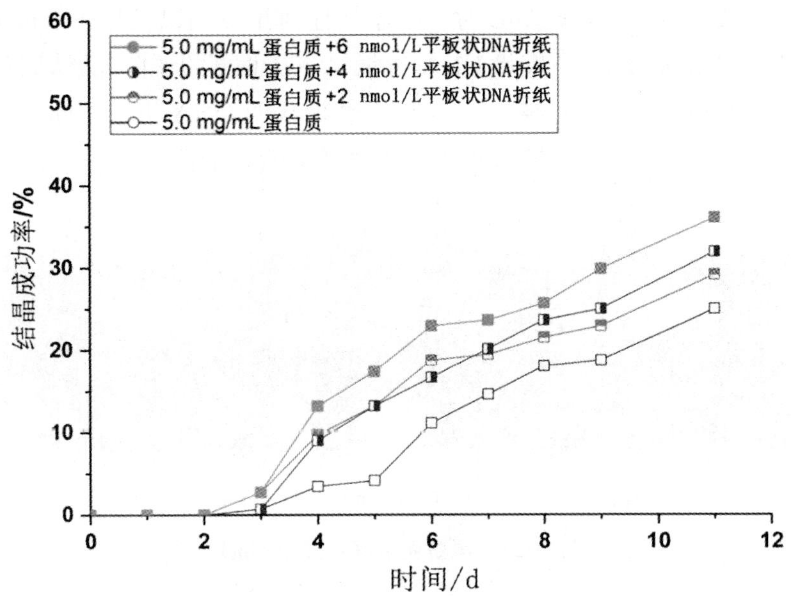

图 3-22　蛋白质浓度：5.0 mg/mL（平板状 DNA 折纸）

蛋白质浓度为 15 mg/mL 时，不添加任何添加剂以及加入 2 nmol/L、4 nmol/L、6 nmol/L 的圆筒状 DNA 折纸第三天时的蛋白质晶体照片（比例尺为 600 μm）如图 3-23 所示。第三天，蛋白质浓度为 15 mg/mL，加入不同浓度的圆筒状 DNA 折纸后蛋白质晶体。当圆筒状 DNA 折纸的浓度为 4 nmol/L、6 nmol/L 时，蛋白质晶体数目在第三天较多。浓度为 6 nmol/L 的圆筒状 DNA 折纸对于蛋白质晶体数目的促进作用稍强于 4 nmol/L 的圆筒状 DNA 折纸，但两者的促进作用远大于空白组和 2 nmol/L 的圆筒状 DNA 折纸。

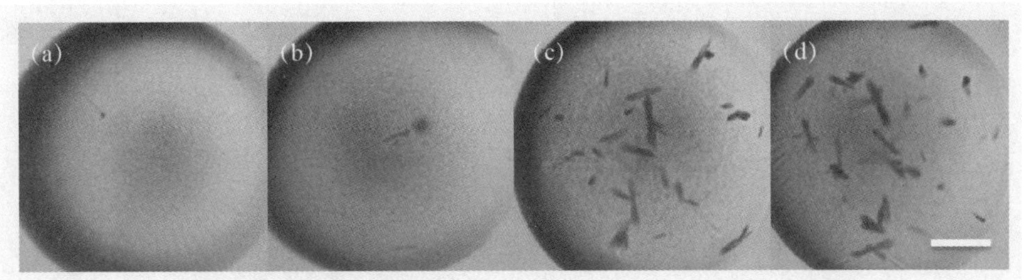

（a）不添加任何添加剂；（b）2 nm；（c）4 nm；（d）6 nm

图 3-23　蛋白质浓度：15 mg/mL（圆筒状 DNA 折纸）

蛋白质浓度为 15 mg/mL 时，不添加任何添加剂以及加入 2 nmol/L、4 nmol/L、6 nmol/L 的平板状 DNA 折纸第三天时的蛋白质晶体照片（比例尺为 600 μm）如图 3-24 所示。对于平板状的 DNA 折纸，同样地，随着 DNA 折纸浓度增大，蛋白质的晶体数目也随之增多。

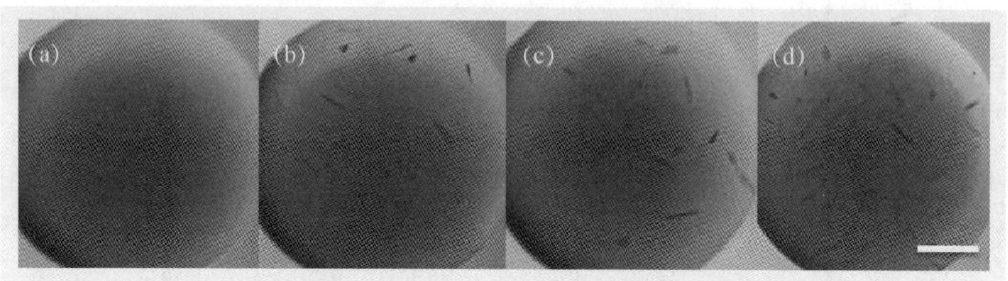

（a）不添加任何添加剂；（b）2 nm；（c）4 nm；（d）6 nm

图 3-24　蛋白质浓度：15 mg/mL

3.4　本章小结

本章，我们在保证 DNA 折纸可以在蛋白质结晶溶液中稳定存在的前提下，在不同浓度的蛋白质溶液里加入圆筒状 DNA 折纸和平板状 DNA 折纸，观察统计 DNA 折纸对于蛋白质结晶的影响。有结构的 DNA 折纸对蛋白质结晶成功率的促进作用明显比同浓度的无结构散链 DNA 促进作用强。这是因为有结构的 DNA 可以作为体积较大独立的成核剂促进蛋白质结晶，而且为蛋白质分子提供了更大可粘附的面积，因此有结构的 DNA 对于蛋白质结晶的促进作用更强。另外当蛋白质浓度很低时；DNA 折纸对于蛋白质结晶成功率的促进作用较强，随着蛋白质浓度的增大，DNA 折纸的促进作用减弱。这是因为蛋白质浓度较低时，蛋白质溶液很难达到成核需要的过饱和浓度，此时加入 DNA 折纸作为异相成核剂可以有效促进蛋白质结晶。当蛋白质浓度较高时，蛋白质溶液本身容易达到过饱和度，此时加入 DNA 折纸对蛋白质结晶体系的促进作用并不明显。一定浓度的蛋白质溶液中，随着 DNA 折纸浓度的增高，对蛋白质结晶成功率的促进作用会随之提高。当 DNA 折纸浓度为 4 nM 时，DNA 折纸对蛋白质结晶的促进作用达到极限，当 DNA 折纸浓度再升高时，蛋白质的结晶成功率并没有进一步提高。但是随着 DNA 折纸浓度的增高，蛋白质结晶初期的晶体数目也随之增多。因此，一定浓度的 DNA 折纸及低浓度的蛋白质溶液才可以使促进作用最优化。

对于不同结构的 DNA 折纸，圆筒状 DNA 折纸和平板状 DNA 折纸对于蛋白质结晶的促进作用并无明显差别。这是因为圆筒状 DNA 折纸和平板状 DNA 折纸有着不同的面积，并且结构相差较大。同样大小的两种 DNA 折纸，平板状 DNA 折纸的面积比圆筒状的 DNA 折纸面积大，但是圆筒状 DNA 折纸有其独特的孔结构。在结晶过程中，DNA 折纸的面积越大，和蛋白质分子的相互作用就越大，且能为蛋白质分子提供更大的接触面积；平板状的 DNA 折纸面积更大，对于蛋白质结晶有更大的促进作用。

然而，基于之前的研究，孔结构的材料，尤其是孔尺寸大小与蛋白质分子水合半径相当时，可以将蛋白质分子限制在孔结构中，提高蛋白质分子稳定性，降低蛋白质分子的结晶所需的能垒，从而明显促进蛋白质成核过程。圆筒状 DNA 折纸结构带有和过氧化氢酶水合半径相当的孔结构，圆筒状 DNA 折纸也可能促进蛋白质结晶。因此圆筒状 DNA 折纸和平板状 DNA 折纸对蛋白质结晶的作用相当。

为了探讨孔结构对蛋白质结晶的作用，合成不同孔径的圆筒状 DNA 折纸，孔径分别为 8 nm、11 nm、22 nm。在不同浓度的蛋白质体系中，通过加入不同孔径大小的 DNA 折纸，到第十一天结晶成功率均大于空白组蛋白质结晶体系。此结果说明有结构的 DNA 折纸是一种有效的成核剂。在结晶前期，加入 11 nm 和 22 nm 孔径的圆筒状 DNA 折纸对蛋白质结晶成功率的促进作用强于孔径为 8 nm 的圆筒状 DNA 折纸。这与之前文献所报道的相符合，当孔径等于或者大于蛋白质分子的水合半径时，有孔材料会明显地促进蛋白质成核。但是在此实验体系中，3 种不同孔径的圆筒状 DNA 折纸在溶液中暴露的面积不同，22 nm 的圆筒状 DNA 折纸面积最大，8 nm 的圆筒状 DNA 折纸的面积最小，该因素在蛋白质结晶过程中也是不可忽略的。

为了进一步探讨孔结构的作用，通过在孔径为 11 nm 的圆筒状 DNA 折纸的一端和两端分别加入互补的 DNA 链，形成一端封口和两端封口的圆筒状 DNA 折纸。分别将两端开口、封一端、封两端的圆筒状 DNA 折纸加入蛋白质结晶体系中。加入 3 种圆筒状 DNA 折纸的蛋白质结晶体系在第十一天的结晶成功率均高于对照组的结晶成功率。尤其是在前期，即结晶前 3 天，两端开口和封一端的圆筒状 DNA 折纸对蛋白质结晶成功率的促进作用高于封两端的圆筒状 DNA 折纸。此结果说明孔结构确实对蛋白质结晶有一定的促进作用。

为了探讨不同表面大小的 DNA 折纸对蛋白质结晶的促进作用，合成不同面积的平板状 DNA 折纸、110 nm×34.5 nm 平板状 DNA 折纸以及 110 nm×69 nm 平板状 DNA 折纸。将两种面积不同的 DNA 折纸加入蛋白质结晶体系中，当蛋白质浓度为 1.5 mg/mL 和 3.0 mg/mL 时，加入 110 nm×69 nm 平板状 DNA 折纸对蛋白质结晶成功率比 110 nm×34.5 nm 平板状 DNA 折纸的结晶成功率稍高。而且在结晶初期，较大面积的平板状 DNA 折纸对蛋白质的结晶成功率更高。此结果说明 DNA 折纸面积越大，对蛋白质结晶的促进作用越强。当蛋白质浓度为 5.0 mg/mL 时，整体蛋白质结晶的成功率都较低，由于蛋白质结晶容易受外界的影响，每个批次结晶不完全一致，导致此浓度条件下蛋白质结晶异常。

有结构的 DNA 折纸可以作为有效的异相成核剂，促进蛋白质的成核与结晶。DNA 折纸对于蛋白质结晶的促进作用主要源于有结构的 DNA 会和蛋白质有更大面积的接触及更强的相互作用。另外，DNA 折纸溶液中留存的正电性 Mg^{2+} 可能在负电性的过氧化氢酶蛋白质与负电性的 DNA 之间产生盐桥的作用。蛋白质和 DNA 之间的非特异性作用会促进蛋白质在 DNA 表面上的聚集和排列，可以有效提高蛋白质局部浓度，进而促进蛋白质结晶。通过以上探索，我们首次将 DNA 纳米技术应用于蛋白质结晶领域，为 DNA 纳米技术开辟了新的领域，同时也为蛋白质结晶领域提供了一种新的、有效的研究方法与思路。

第4章

利用 DNA 折纸精准定位蛋白质

4.1　本章引言

DNA 折纸具有结构精确可控、尺寸纳米可调、可寻址性等优点，研究者可以在 DNA 折纸上精确地排布化学基团、生物大分子以及纳米颗粒等物质。目前，DNA 折纸技术被广泛用于蛋白质、量子点的有序排列以及合成反应模板等领域 [158–160]。

蛋白质结晶和小分子结晶的原理类似，但是由于蛋白质属于生物大分子，分子结构灵活可变，具有较强的不稳定性和敏感性，故蛋白质结晶较为困难。针对难结晶的蛋白质，提高蛋白质分子结构稳定性是结晶蛋白质的重要手段之一。通过将蛋白质锚定、排列在一定的受体上，或者与相应底物结合，有助于降低蛋白质分子结构的灵活性以及增大蛋白质的局部浓度，从而促进蛋白质结晶。目前，已有的报道多数是通过蛋白质工程技术对蛋白质部分位点进行修饰，提高蛋白质分子结构稳定性，从而降低蛋白质结晶的难度 [41，42]。然而，将 DNA 折纸技术用于精确锚定蛋白质分子，并促进蛋白质结晶这一思路仍未有报道。

基于以上讨论，本章通过 DNA 折纸精准定位蛋白质，以期促进蛋白质结晶，为蛋白质的结晶提供新的研究思路。DC-SIGN 和 DC-SIGNR 是破解艾滋病以及埃博拉病毒的关键因素 [161，162]，但是至今为止人们仍难以得到其晶体结构。本章意在为结晶 DC-SIGN 和 DC-SIGNR 提供一种新的思路。由于 DC-SIGN 和 DC-SIGNR 中 4 个靶点之间距离的不同，我们通过调控 DNA 折纸上 4 条伸链之间的距离来筛分并固定 DC-SIGN 和 DC-SIGNR，设计方案如图 4-1 所示。首先在 DNA 折纸上锚定生物素（biotin）、加入链霉亲和素（strepavidin）来精准定位。确定铆钉点之后，利用甘露糖（Mannose）和 DC-SIGN/R 之间的特异性作用，将具有甘露糖的 DNA 伸链锚定于 DNA 折纸上，通过调控伸链之间的距离来分别识别定位 DC-SIGN 和 DC-SIGNR。

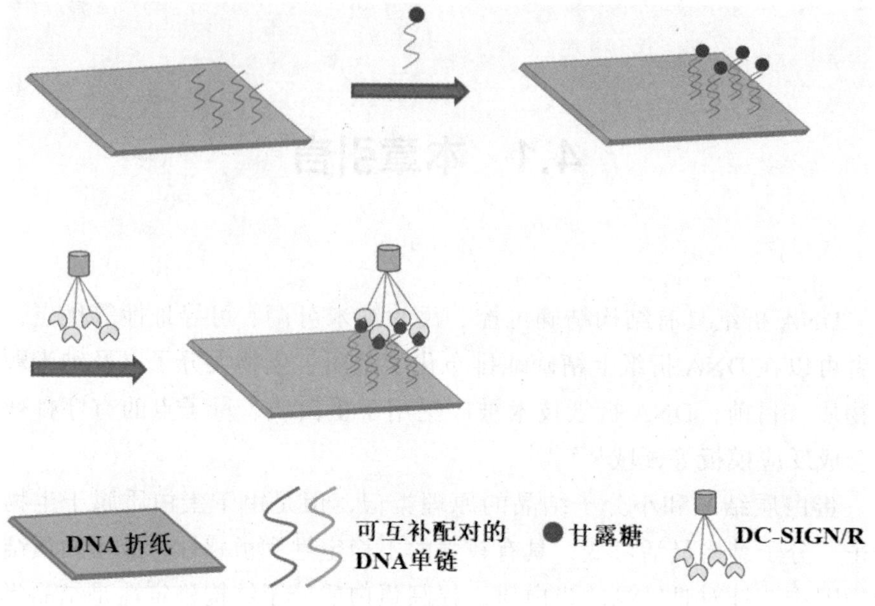

图 4-1 DNA 折纸用于锚定 DC-SIGN/R 的示意图

4.2 实验部分

4.2.1 试剂与材料

乙酸镁[Mg(OAc)$_2$]、三羟甲基氨基甲烷(Tris)、乙二胺四乙酸(EDTA)以及氢氧化钠(NaOH)购于天津富晨试剂公司。链霉亲和素(strepavidin)购于北京博美智恒生物科技有限公司。本章中所用 1×TAE-Mg^{2+} 缓冲液的配比为 12.5 nmol/L Mg（OAc）$_2$、20 nmol/L CH_3COOH、40 nmol/L Tris、2 nmol/L EDTA，乙酸调 pH 至 8.0。结合缓冲液为 20 nmol/L HEPES，100 nmol/L NaCl，10 nmol/L $CaCl_2$，pH=7.8。结合缓冲液的目的是在有 Ca^{2+} 存在的条件下，抗体蛋白质 DC-SIGN、DC-SIGNR 可以和甘露糖特异性结合。所有配置溶液使用前均用 0.22μm 的水系过滤器过滤。

M13mp18 单链 DNA 购置于 New England Biolabs 公司（货号 N4040S），浓度约为 100 nM。DNA origami 所需订书钉短链（序列见附图 6、附图 8、附图 10）以及 biotin-DNA、alkynyl-DNA 均购置于梓熙生物公司（序列见附图 11）。所有未经修饰 DNA 单链均为 OPC 纯化，修饰基团的 DNA 单链为 HPLC 纯化。甘露糖（Mannose）、DC-SIGN、DC-SIGNR 由利兹大学周德建老师提供。连接甘露糖的 DNA 链（DNA-Mannose）由课题组已毕业的研究生安小苹合成。

4.2.2 仪器

本实验所用仪器及其所属公司如表 4-1 所示。

表 4-1 实验仪器及其所属公司

实验仪器	公司
掌上离心机	北京大龙仪器公司
高速冷冻离心机	德国艾本德中国有限公司
电子天平	梅特勒 - 托利多仪器有限公司
纯水仪	密理博中国有限公司
pH 计	梅特勒—托利多仪器有限公司
PCR 扩增仪	东胜公司
紫外 - 可见分光光谱仪	安捷伦有限公司
原子力显微镜	布鲁克科技有限公司

4.2.3 实验操作

DNA 铆钉链短链和 DNA 模板链长链 M13mp18 以 10 ∶ 1 的浓度在组装缓冲液 1×TAE-Mg^{2+} 中混合，其中 DNA 模板链 M13mp18 的浓度为 10 mol/L，为了保证模板链完全组装，DNA 铆钉链短链过量 10 倍，经 PCR 扩增仪退火，以 −0.01 ℃/s 的速度从 95 ℃ 降至 15 ℃。得到的 DNA 折纸组装体用 1×TAE-Mg^{2+} 缓冲液、100 k 超滤管高速冷冻离心 3 次纯化，用于去掉过量未组装的 DNA 铆钉链短链。离心条件为 2 000 rcf，单次 10 min，4 ℃。纯化置换后的 DNA 折纸组装体通过紫外分光光度仪测定其在 260 nm 处的紫外吸收值来确定浓度。

本章所有原子力显微镜表征均为液相扫描，液相环境为 1×TAE-Mg^{2+} 缓冲液。将 2 μL 置换纯化后浓度为 6 nmol/L 的 DNA 折纸和 8 μL 的 1×TAE-Mg^{2+} 缓冲液混合置于干净的云母片之上，静置 5 min 后进行测试。扫描模式为液相扫描，Setpoint 值为 0.02 ~ 0.03，扫描速度为 0.996

Hz，Feedback Gain 值为 10 ~ 15。扫描探针为布鲁克公司的 ScanAsyst-Fluid+ 探针，探针的共振频率为 150 kHz，弹性系数为 0.7 N/m，扫描头为 E Scanner。

4.3 结果与讨论

4.3.1 DNA 折纸的合成

英国利兹大学周德建课题组研究推测：当4个甘露糖分子在空间上以3.93 nm×3.93 nm的正方形排布时，与DC-SIGN有最佳的结合能力；当4个甘露糖分子在空间上以3.93 nm×8.07 nm的长方形排布时，与DC-SIGNR有最佳的结合能力，如图4-2所示。

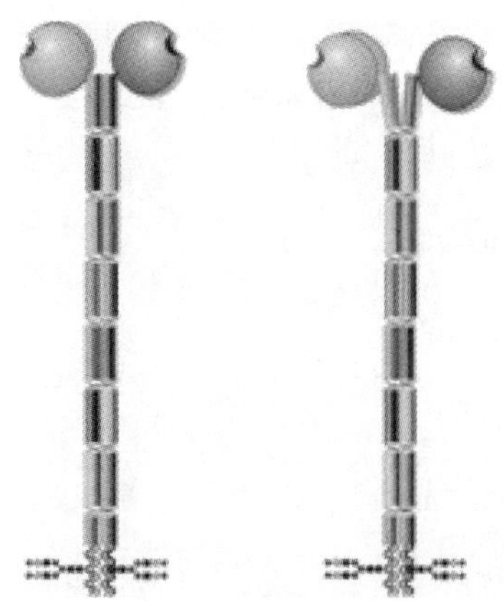

图 4-2 DC-SIGN 和 DC-SIGNR 的结合位点空间排布模型

我们选用70 nm×100 nm的DNA折纸平板[163]，在其上选择合适的位点，抽出4根DNA单链（DNA overhang）用于锚定甘露糖。实验中需要考虑的是：DNA双链具有双螺旋结构，每10.5个碱基DNA旋转360°；而4个甘露糖分子需要在同一平面上，因此，在这种平板结构中实际可以达到的最接近糖与DC-SIGN/R结合的最佳空间距离分别为3.74 nm×4 nm

和 4 nm×9.18 nm，如图 4-3 所示。其中 DNA 折纸的主要 DNA 序列见附图 6 和附图 8（表 4-2 中 211-SS），为了设计正方形和长方形的区域，将使用附图 10 中正方形、长方形区域的 5 条 DNA 链分别代替相应 DNA 序列上的 DNA 链（表 4-2 中 5-SS）。

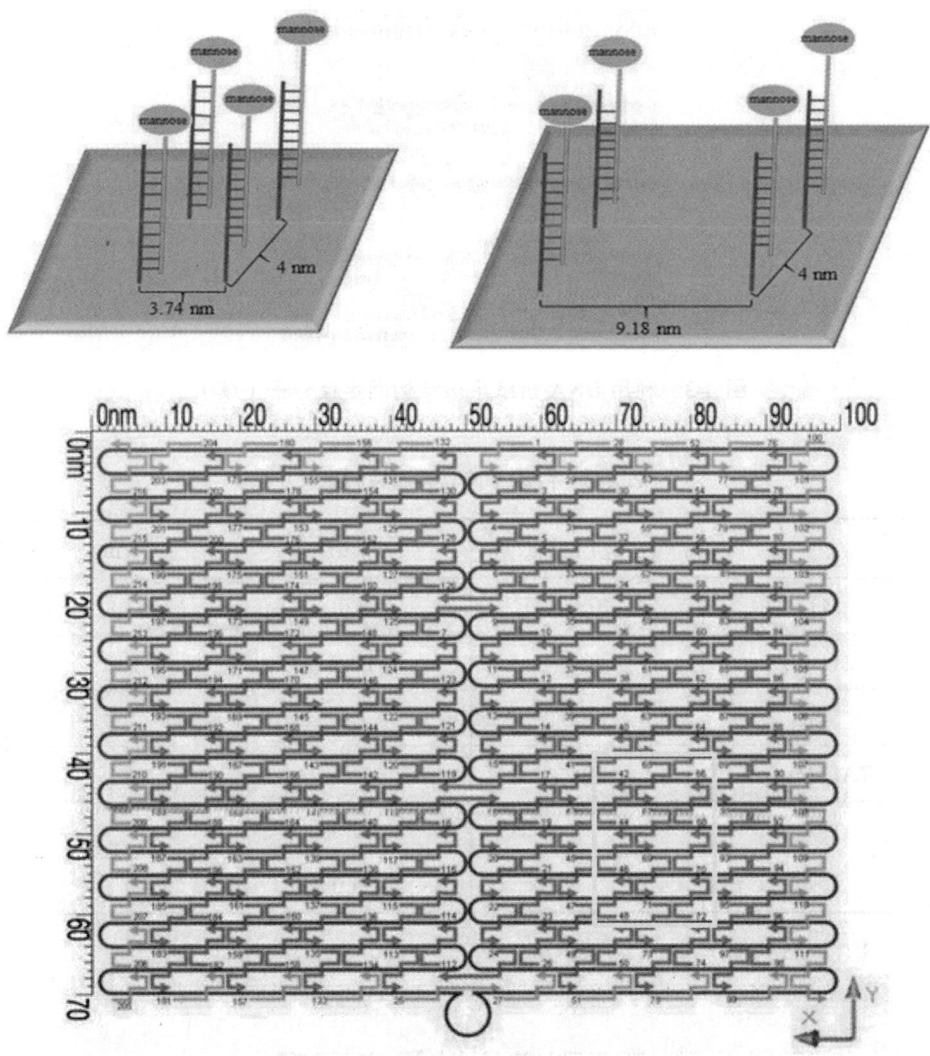

图 4-3　利用 DNA 折纸平板结构固定糖分子

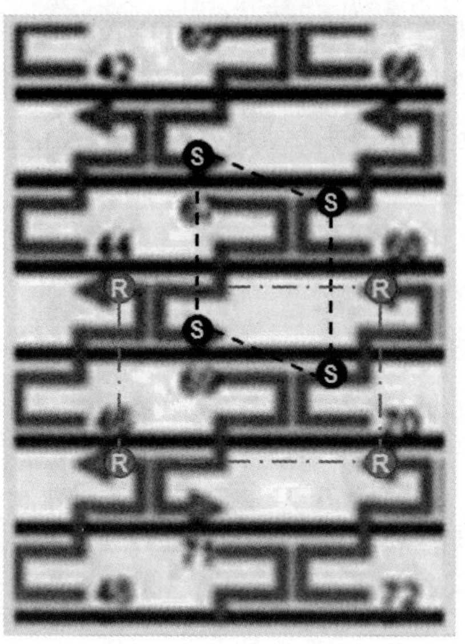

图 4-3　利用 DNA 折纸平板结构固定糖分子（续）

表 4-2　合成 DNA 折纸原料配比

	C_0 / nM	V / μL	C / nM
M13	100	5.0	10
211-SS	400	12.5	100
5-SS	5000	2.0	200
TAE-Mg^{2+}	10×	5.0	1×
H_2O		25.5	
		50.0	

注：C_0 为初始浓度，C 为终浓度

4.3.2　通过生物素识别定位链霉亲和素

为验证 DNA overhang 在 DNA 折纸平板预先设计的位置，我们首先将具有 DNA overhang 的平板状 DNA 折纸和 DNA-biotin（见附

图 11）进行互补，配方如表 4-3 所示。得到 DNA origami-biotin 之后，再加入 streptavidin，配方如表 4-4 所示，每一步通过原子力显微镜表征。

表 4-3　DNA 折纸上锚定 biotin 原料配比

	C_0 /（nmol/L）	V / μL	C /（nmol/L）
origami	1.8	50	90×10^{-6}
DNA-biotin	500	1.4	720×10^{-6}
		≈50	

表 4-4　DNA 折纸上锚定 streptavidin 原料配比

	C_0 /（nmol/L）	V / μL	C /（nmol/L）
origami-biotin	1.8	40	72×10^{-6}
streptavidin	500	0.6	300×10^{-6}
		≈40	

AFM 表征 DNA 折纸平板结构，DNA overhang 抽头位置构成正方形，与 DNA-biotin 互补后加入 streptavidin 前和后；DNA overhang 抽头位置构成长方形，与 DNA-biotin 互补后加入 streptavidin 前和后，如图 4-4 所示。DNA overhang 抽头位置构成正方形或者长方形，与 DNA-biotin 互补后加入 streptavidin，均可在 DNA 折纸平板上观察到有亮点。通过 AFM 测定亮点高度为 1 nm，与 streptavidin 尺寸吻合。另外从图 4-4（b）、图 4-4（d）中可以观察到 DNA 折纸上只有一个 streptavidin 蛋白质分子，这是由于 streptavidin 属于四聚体蛋白质，可以同时结合 4 个 biotin。

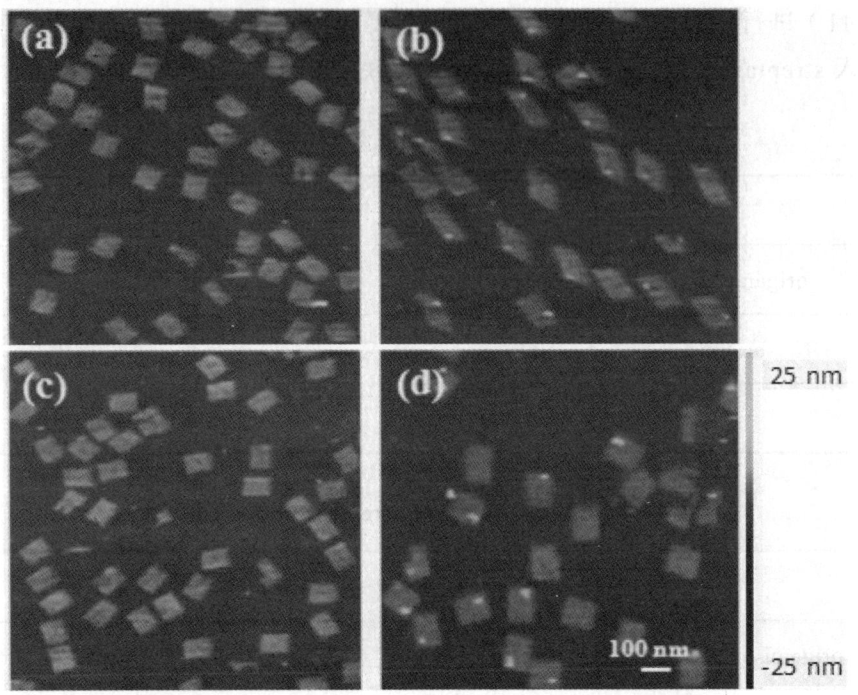

（a）DNA overhang 抽头位置构成正方形，与 DNA-biotin 互补后加入 streptavidin 前；
（b）DNA overhang 抽头位置构成正方形，与 DNA-biotin 互补后加入 streptavidin 后；
（c）DNA overhang 抽头位置构成长方形，与 DNA-biotin 互补后加入 streptavidin 前；
（d）DNA overhang 抽头位置构成长方形，与 DNA-biotin 互补后加入 streptavidin 后

图 4-4　AFM 图

4.3.3　通过甘露糖识别定位 DC-SIGN 和 DC-SIGNR

至此，我们已经确定 DNA 折纸平板上 DNA overhang 位置符合预期实验设计，初步得到的 DNA 折纸组装体用结合缓冲液（20 mmol/L HEPES，100 mmol/L NaCl，10 mmol/L $CaCl_2$，pH=7.8）、100 k 超滤管高速冷冻离心置换纯化 3 次，用于去掉过量未反应的短链 DNA 以及将目标产物 DNA 折纸置换至结合缓冲液中。下一步利用互补配对原则将 DNA- 甘露糖（DNA-Mannose）锚定在 DNA 折纸平板上；通过分别呈正方形和长方形位点排布的 DNA-Mannose，尝试识别定位 DC-SIGN 和

DC-SIGNR。实验设计如表 4-5 所示，第一组实验是 DNA 折纸平板结构连接 DNA-Mannose（DNA-Mannose 之间呈正方形）（DNA-M-S），分别加入过量 10 倍和 20 倍的 DC-SIGN；对照组是 DNA-M-S 加入过量 10 倍的 DC-SIGNR。第二组实验是 DNA 折纸平板结构连接 DNA-Mannose（DNA-Mannose 之间呈长方形）（DNA-M-R），分别加入过量 10 倍和 20 倍的 DC-SIGNR；对照组是 DNA-M-R 加入过量 10 倍的 DC-SIGN。

表 4-5　锚定甘露糖的 DNA 折纸固定 DC-SIGN/R 的实验

<table>
<tr><th></th><th>实验组</th><th>对照组</th></tr>
<tr><td rowspan="2">第一组</td><td>DNA-M-S+DC-SIGN
（1 ： 10）</td><td rowspan="2">DNA-M-S+DC-SIGNR
（1 ： 10）</td></tr>
<tr><td>DNA-M-S+DC-SIGN
（1 ： 20）</td></tr>
<tr><td rowspan="2">第二组</td><td>DNA-M-R+DC-SIGNR
（1 ： 10）</td><td rowspan="2">DNA-M-R+DC-SIGN
（1 ： 10）</td></tr>
<tr><td>DNA-M-R+DC-SIGNR
（1 ： 20）</td></tr>
</table>

AFM 表征 DNA-M-S；DNA-M-S 加入 DC-SIGN，比例为 1∶10；DNA-M-S 加入 DC-SIGN，比例为 1∶20；DNA-M-S 加入 DC-SIGNR，比例为 1∶10 作为对照，如图 4-5 所示。通过 AFM 表征，如图 4-5（b）、图 4-5（d）所示，无论是 DC-SIGN 还是 DC-SIGNR，均可以结合在 DNA-M-S 之上。实验表明，当加入 10 倍的 DC-SIGN 之后，在 DNA M-S 面上有一个亮点，通过原子力显微镜的测量，亮点高为 1 nm，与 DC-SIGN 尺寸相符，证明 DC-SIGN 可以锚定在 DNA-M-S 之上。当加入 20 倍的 DC-SIGN 之后，并未观察到上述现象，而是发现线条状物质，如图 4-5（c）所示，可能是由于 DC-SIGN 浓度过高发生自组装所致。在对照组中，当加入 10 倍的 DC-SIGNR 之后，仍然可以观察到 DC-SIGNR 在 DNA-M-S 之上，如图 4-5（d）所示。此结果说明连接 DNA-Mannose 的 DNA 折纸平板结构（DNA-Mannose 之间呈正方形）（DNA-M-S）对于 DC-SIGN 和 DC-SIGNR 无选择性，这虽然与预期不相符，但是可以说明两种蛋白质能被成功锚定于 DNA-M-S 之上。

当使用 DNA 折纸平板结构连接 DNA- 甘露糖（DNA-Mannose 之间呈长方形）（DNA-M-R）时，原子力显微镜表征如图 4-6 所示。加入过量 10 倍的 DC-SIGNR、20 倍的 DC-SIGNR 以及对照组的 10 倍的 DC-SIGN 时，发现 DC-SIGN/R 均可以结合 DNA-M-R。

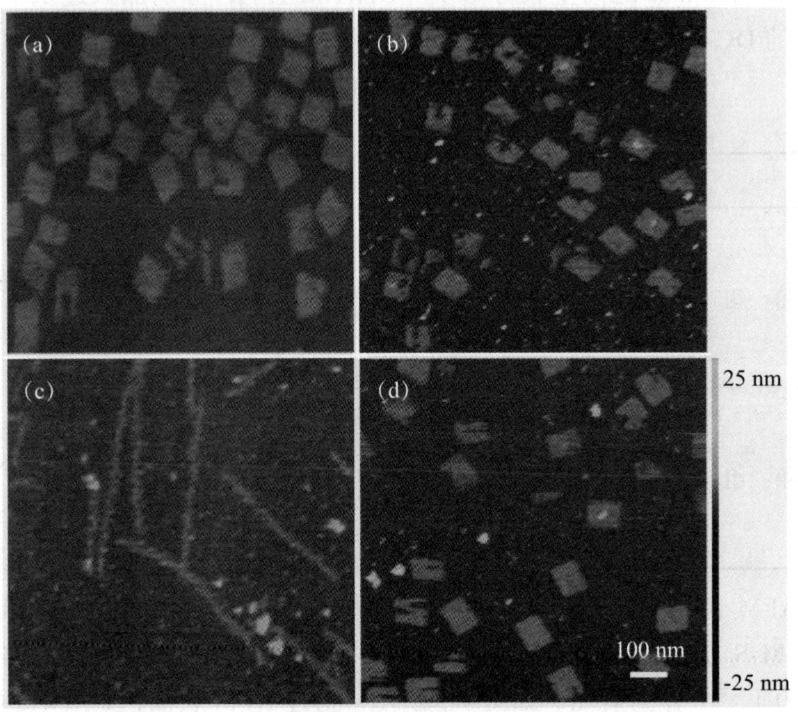

（a）DNA-M-S；（b）DNA-M-S 加入 DC-SIGN，比例为 1 ∶ 10；
（c）DNA-M-S 加入 DC-SIGN，比例为 1 ∶ 20；
（d）DNA-M-S 加入 DC-SIGNR，比例为 1 ∶ 10

图 4-5　AFM 图

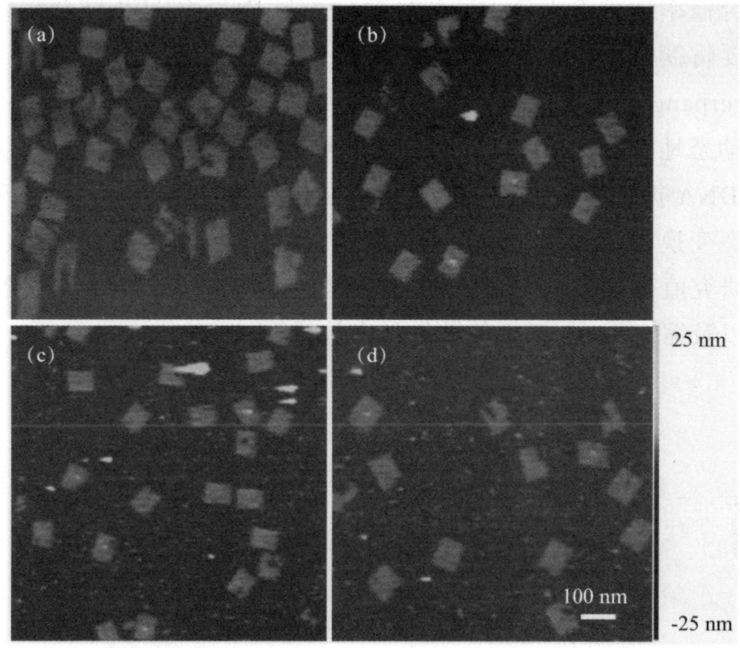

（a）DNA-M-R；（b）DNA-M-R 加入 DC-SIGNR，比例为 1 ∶ 10；
（c）DNA-M-R 加入 DC-SIGNR，比例为 1 ∶ 20；
（d）DNA-M-R 加入 DC-SIGN，比例为 1 ∶ 10

图 4-6　AFM 图

通过以上两组实验，表明蛋白质 DC-SIGN/R 并非位于最初设计的锚定位置（DNA 折纸的一角），而是在 DNA 折纸的中心位置。据推测，这是由于 DC-SIGN/R 和 DNA overhang 均具有柔性所致。另外，统计表明在 DNA 折纸之上，DC-SIGN/R 与甘露糖的结合率均很低，大约为 10% ~ 20%。

无论 DNA-Mannose 的空间排布呈正方形还是长方形，均能够将 DC-SIGN/R 固定在 DNA 折纸之上。虽然不能通过 DNA-Mannose 之间的位置关系辨别 DC-SIGN/R，但是两种蛋白质都可以被锚定于 DNA 折纸之上。这可能有以下几点原因：第一，蛋白质 DC-SIGN/R 本身结构均具有一个长约 20 nm 的尾链，柔性较好，所以不论是甘露糖位点呈正方形还是长方形排布，DC-SIGN/R 均可以与其作用；另外 DNA overhang 及 DNA-Mannose 链也具有一定的柔性，这都可能导致糖分子之间的相对位置发生变化，使最后蛋白质定位点与预期不符。第二，DC-SIGN/R 属于大分子，碰撞结合概率远小于小分子，并且糖分子与DC-SIGN/R结合常数较低，因此，要将糖分子与DC-SIGN/R结合，需要样品达到一定浓度。第三，DNA overhang具有12个碱基，而DNA双链存在呼吸作用，即DNA双链可以动态地打开与合上，一旦DNA双链打开，DNA-甘露糖复合物可能会从DNA折纸平板上脱落，造成识别位点数目的缺失无法准确定位，这种动态变换不利于甘露糖分子和DC-SIGN/R蛋白质进一步结合。在未来，此研究值得进一步优化，例如选择与抗体蛋白质结合力更强的甘露糖三糖，以及缩短DNA折纸伸链的长度等。

4.4　本章小结

本章，我们首先设计合成具有正方形和长方形排布的 DNA overhang 的 DNA 折纸，通过在锚定有 biotin 的 DNA 折纸中加入 streptavidin 来验证纳米定位的准确性，继而在 DNA 折纸上锚定甘露糖分子，以期分别识别定位抗体蛋白质 DC-SIGN/R。

由于抗体蛋白质 DC-SIGN/R 本身结构原因以及分子动力学相关理论因素，不论是 DNA-Mannose 排列呈正方形还是长方形，DNA 折纸均能固定 DC-SIGN/R。通过将 DC-SIGN/R 定位于平板状 DNA 折纸之上，以降低 DC-SIGN/R 分子结构灵活性，提高 DC-SIGN/R 的局部浓度，为结晶 DC-SIGN/R 打下了基础。本研究也为难结晶蛋白质在方法学上提供了新的思路，此工作在未来仍需进一步优化和完善。

第5章

结论与展望

蛋白质结晶对于蛋白质结构基础研究和蛋白质类药物提纯有着重要的意义。促进蛋白质结晶的方法包含化学方法、物理方法和加入异相成核剂等，其中常见的异相成核剂包含毛发、纤维、表面修饰基底和孔材料等。本研究首次应用 DNA 和 DNA 折纸促进蛋白质结晶，得益于 DNA 可以作为高分子聚合物材料；DNA 折纸技术的结构精确可设计、尺寸纳米可调，结构和性质均一；DNA 折纸技术具有可寻址性等优点，使功能性分子，如小分子和蛋白质抗体等均可以被精确定位，为促进蛋白质结晶提供了前提条件。

首先，本研究使用可大宗生产、廉价的不同分子量的 DNA 促进蛋白质结晶。不同分子量的 DNA 均能有效促进蛋白质结晶成功率、缩短结晶时间、增加晶体数目。并且同等浓度下，分子量越大的 DNA 对蛋白质结晶的促进作用越强。这是由于 DNA 与蛋白质可能存在的特异性作用以及 DNA 在溶液中存在体积排阻作用、竞争水的能力以及改变水的表面张力和溶液黏度等作用。以上作用均可有效提高蛋白质在溶液中的过饱和度，从而促进结晶。该工作首次将 DNA 作为高分子聚合物材料用于蛋白质结晶领域，为蛋白质结晶成核剂的选择开辟了一条新路径。

其次，本研究将 DNA 折纸技术与蛋白质结晶相结合，精确构建了不同结构的性质、尺寸均一的纳米成核剂，并探究了 DNA 折纸对于蛋白质结晶的影响。实验表明不同形状的 DNA 折纸对蛋白质结晶成功率均有一定程度的促进作用，且蛋白质浓度越低，促进作用越显著。另外，圆筒状与平板状 DNA 折纸对蛋白质结晶成功率的促进作用相当。为了研究 DNA 折纸促进蛋白质结晶的原理，我们设计了不同孔径大小的圆筒状 DNA 折纸、不同面积的平板状 DNA 折纸以及对圆筒状 DNA 折纸两端进行封端。结果表明 DNA 折纸的孔效应和表面大小均对蛋白质结晶有影响。本研究首次将 DNA 纳米结构材料用于蛋白质结晶领域，并且为探索促进蛋白质结晶的机理研究提供了模型。

最后，本研究利用 DNA 折纸的准确可设计性以及精确可寻址性，将难结晶且重要的抗体蛋白质锚定于 DNA 折纸之上。首先设计合成抽头位置呈正方形和长方形的 DNA 折纸，并通过 biotin-streptavidin 作用精确识别锚定位点。再试图通过 DC-SIGN/R- 甘露糖作用识别定位 DC-SIGN 和 DC-SIGNR 两种蛋白质。实验表明，DC-SIGN 和 DC-SIGNR 对于甘露糖之间的距离并无选择性，但是均可固定于 DNA 折纸平板之上。本研究通过甘露糖与抗体蛋白质 DC-SIGN/R 之间的特异性作用，成功实现了将抗体蛋白质锚定于 DNA 折纸之上，以期提高蛋白质分子结构的稳定性和局部浓度，为 DC-SIGN 和 DC-SIGNR 的结晶提供了基础。与此同时，本研究也为难结晶蛋白质的结晶方法提供了一种全新的思路。此外，我们相信通过在 DNA 折纸上固定蛋白质分子，再将其作为晶种诱导蛋白质的成核结晶领域必将有所作为。

本研究利用 DNA 以及 DNA 折纸技术促进蛋白质结晶，首次将 DNA 作为高分子聚合物材料并将 DNA 折纸用于蛋白质结晶领域，开辟了 DNA 以及 DNA 纳米材料的新功能，同时为蛋白质结晶领域提供了新的研究方法与思路。在本研究工作的基础之上，基于 DNA 作为聚合物材料的优势：①DNA 长度和序列可以被精确控制和设计；②DNA 可以通过官能团修饰，与包括蛋白质、抗体和多肽在内的多种生物分子发生特异性的相互作用。在未来，我们认为长度可控的、可修饰官能团的 DNA 将会被应用于蛋白质结晶领域，为促进蛋白质结晶及机理探究做出贡献。另外，随着 DNA 纳米结构技术的不断发展，更加稳定、复杂、精细、可控的 DNA 纳米材料，如可连续性纳米调控的孔结构 DNA 折纸和更为稳定的三维立体的 DNA 折纸等也将会被应用于更多的蛋白质结晶，有望实现对于蛋白质结晶领域更为全面深入的认识与研究目标。

参考文献

[1] JOOSTEN R P，TE BEEK T AH，KRIEGER E，et al. A series of PDB related databases for everyday needs[J]. Nucleic Acids Res，2011，39：411-419.

[2] MCPHERSON A.Crystallization of biological macromolecules[M]. New York：Cold Spring Harbor Laboratory Press，1999.

[3] DURBIN S D，FEHER G. Protein crystallization[J]. Annu. Rev. Phys. Chem，1996，47：171-204.

[4] SHAH U V，AMBERG C，DIAO Y，et al. Heterogeneous nucleants for crystallogenesis and bioseparation[J]. Curr. Opin. Chem. Eng，2015，8：69-75.

[5] SCHALL C A，RILEY J S，LI E，et al. Application of temperature control strategies to the growth of hen egg-white lysozyme crystals[J]. J. Cryst. Growth，1996，165：299-307.

[6] BRAY T L，KIM L J，ASKEW R P，et al. New crystallization systems envisioned for microgravity studies[J]. J. Appl. Crystallogr，1998，31：515-522.

[7] NAKAMURA A，OHTSUKA J，KASHIWAGI T，et al. In-Situ and real-time growth observation of high-quality protein crystals under quasi-microgravity on earth[J]. Sci. Rep，2016，6：22127.

[8] DELUCAS L，SMITH C D，SMITH H W，et al.Protein crystal growth in microgravity[J]. Science，1989，246：651-654.

[9] MOORE K，LONG M，DELUCAS L. Protein crystal growth in microgravity：status and commercial implications[J]. Am. Inst. Phys，1999：458.

[10] WANG Y，HAN Y，PAN J，et al. Protein crystal growth in microgravity using a liquid/liquid diffusion method[J]. Microgravity Sci. Technol，1996，9：281.

[11] NAKAMURA A，OHTSUKA J，MIYAZONO KI，et al. Improvement in quality of protein crystals grown in a high magnetic field gradient[J]. Cryst. Growth Des，2012，12：1141-1150.

[12] LIN S X，ZHOU M，AZZI A，et al. Magnet used for protein crystallization：novel attempts to improve the crystal quality. biochem[J]. Biophys Res. Commun，2000，275：274-278.

[13] WAKAYAMA N I，ATAKA M，ABE H. Effect of a magnetic field gradient on the crystallization of hen lysozyme[J]. J. Cryst. Growth，1997，178：653-656.

[14] SAZAKI G. Crystal quality enhancement by magnetic fields[J]. Prog. Biophys. Mol. Biol，2009，101：45-55.

[15] SABAN K V，JINI T，VARGHESE G. Impact of magnetic field on the nucleation and morphology of calcium carbonate crystals[J]. Cryst. Res. Technol，2005，40：748-751.

[16] MAKI S，TANIMOTO Y，UDAGAWA C，et al. In situ observation of containerless protein crystallization by magnetically levitating crystal growth[J]. Jpn. J. Appl. Phys，2016，35505：3-9.

[17] PAREJA-RIVERA C，CUÉLLAR-CRUZ M，Esturau-Escofet N，et al. Recent advances in the understanding of the influence of electric and magnetic fields on protein crystal growth[J]. Cryst. Growth Des，2017，17：135-145.

[18] SURADE S，OCHI T，NIETLISPACH D，et al. Investigations into protein crystallization in the presence of a strong magnetic field[J]. Cryst. Growth Des，2010，10：691-699.

[19] ROTHGEB T M，OLDFIELD E. Nuclear magnetic resonance of heme protein crystals[J]. J. Biol. Chem，1984，256：1432-1446.

[20] HUANG L，CAO H，YE Y，et al. A new method to realize high-throughput protein crystallization in a superconducting magnet[J]. Cryst Eng Comm，2015，17：1237-1241.

[21] MARTÍNEZ-CABALLERO S，CUÉLLAR-CRUZ M，DEMITRI N，et al.Glucose isomerase polymorphs obtained using an ad hoc protein crystallization temperature device and a growth cell applying an electric field[J]. Cryst. Growth Des，2016，16：1679-1686.

[22] HAMMADI Z，VEESLER S. New approaches on crystallization under electric fields[J]. Prog. Biophys. Mol. Biol，2009，101：38-44.

[23] KOIZUMI H，UDA S，FUJIWARA K，et al. Crystallization of high-quality protein crystals using an external electric field[J]. J. Appl. Crystallogr，2015，48：1507-1513.

[24] SAZAKI G，MORENO A，NAKAJIMA K. Novel coupling effects of the magnetic and electric fields on protein crystallization[J]. J. Cryst. Growth，2004，262：499-502.

[25] MAHON B P，KURIAN J J，LOMELINO C L，et al. Microbatch mixing："shaken not stirred"，a method for macromolecular microcrystal production for serial crystallography[J]. Cryst. Growth Des，2016，16：6214-6221.

[26] LU Q，YIN D，LIU Y，et al. Effect of mechanical vibration on protein crystallization[J]. J. Appl. Crystallogr，2010，43：473-482.

[27] ADACHI H，NIINO A，KINOSHITA T，et al. Solution-stirring method improves crystal quality of human triosephosphate isomerase[J]. J. Biosci. Bioeng，2006，101：83-86.

[28] ADACHI H，TAKANO K，YASHIMURA M，et al. Application of a stirring method to micro-scale and vapor diffusion protein crystallization[J]. Jpn. J. Appl. Phys，2003，4：314-315.

[29] LU Q，ZHANG B，TAO L，et al. Improving protein crystal quality via mechanical vibration[J]. Cryst. Growth Des，2016，16：4869-4876.

[30] ZHANG C，WANG Y，SCHUBERT R，et al. Effect of audible sound on protein crystallization[J]. Cryst. Growth Des，2016，16：705-713.

[31] ZHANG C，LIU Y，TIAN X，et al. Effect of real-world sounds on protein crystallization[J]. Int. J. Biol. Macromol，2018，112：841-851.

[32] KAKINOUCHI K, ADACHI H, MATSUMURA H, et al.Kanaya S. Effect of ultrasonic irradiation on protein crystallization[J]. J. Cryst. Growth, 2006, 292: 437-440.

[33] MURAI R, YOSHIKAWA H Y, TAKAHASHI Y, et al. Enhancement of femtosecond laser-induced nucleation of protein in a gel solution[J]. Appl. Phys. Lett, 2010, 96: 43702.

[34] ADACHI H, TAKANO K, HOSOKAWA Y, et al. Laser irradiated growth of protein crystal[J]. Jpn. J. Appl. Phys, 2003, 42: 1-4.

[35] KAUR B S, ASHOKKUMAR M, LEE J. Ultrasound assisted crystallization of paracetamol: crystal size distribution and polymorph control[J]. Cryst. Growth Des, 2016, 16: 1934-1941.

[36] KITAYAMA H, YOSHIMURA Y, SO M, et al. A common mechanism underlying amyloid fibrillation and protein crystallization revealed by the effects of ultrasonication[J]. Biochim. Biophys. Acta, 2013, 1834: 2640-2646.

[37] CRESPO R, MARTINS P M, GALES L, et al. Potential use of ultrasound to promote protein crystallization[J]. J. Appl. Crystallogr, 2010, 43: 1419-1425.

[38] ROSZAK K, KATRUSIEK A, KATRUSIAK A. High-pressure preference for the low z' polymorph of a molecular crystal[J]. Cryst. Growth Des, 2016, 16: 3947-3953.

[39] OLEJNICZAK A, KRUKLE-BERZIŅA K, KATRUSIAK A. Pressure-stabilized solvates of xylazine hydrochloride[J]. Cryst. Growth Des, 2016, 16: 3756-3762.

[40] KADRI A, LORBER B, JENNER G, et al. Effects of pressure on the crystallization and the solubility of proteins in agarose gel[J]. J. Cryst. Growth, 2002, 245: 109-120.

[41] MITTL P R E, BERRY A, SCRUTTON N S, et al.A designed mutant of the enzyme glutathione reductase shortens the crystallization time by a factor of forty[J]. Acta Cryst, 1994, 50: 228-231.

[42] LINNEVERS C J, MCGRATH M, ARMSTRONG R, et

al. Expression of human cathepsin k in pichia pastorisand preliminary crystallographic studiesof an inhibitor complex[J]. Protein Sci，1997，12：919-921.

[43] NEAL B L，ASTHAGIRI D，VELEV O D，et al. Why is the osmotic second virial coefficient related to protein crystallization?[J]. J. Cryst. Growth，1999，196：377-387.

[44] SEEMANN K M，KIEFERSAUER R，JACOB U，et al. Optical pH detection within a protein crystal[J]. J. Phys. Chem，2012，116：9873-9881.

[45] EWING F，FORSYTHE E，PUSEY M. Orthorhombic lysozyme solubility[J]. Acta Cryst.D，1994，50：424-428.

[46] MIKOL V，RODEAU J L，GIEGÉ R. Changes of pH during biomacromolecule crystallization by vapor diffusion using ammonium sulfate as the precipitant[J]. J. Appl. Crystallogr，1989，22：155-161.

[47] GOSAVI R A，MUESER T C，SCHALL C A. Optimization of buffer solutions for protein crystallization[J]. Acta Crystallogr，2008，64：506-514.

[48] CHEN R，CHENG Q，CHEN J，et al. An investigation of the effects of varying pH on protein crystallization screening[J]. Cryst Eng Comm，2017，19：860-867.

[49] 代小虎，毕汝昌 . 沉淀剂类型对蛋白质晶体分子堆积的影响 [J]. 生物物理学报，2002，18：394-398.

[50] 卢光莹，华子千 . 生物大分子晶体学基础 [M]. 北京：北京大学出版社，1994.

[51] PITTZ E P，TIMASHEF S N. Interaction of ribonuclease a with aqueous 2 methyl-2，4-pentanediol at pH 5.8[J]. Biochemistry，1978，17：615-623.

[52] TANAKA S，ATAKA M. Protein crystallization induced by polyethylene glycol：a model study using apoferritin[J]. J. Chem. Phys，2002，117：3504-3510.

[53] TANAKA S，ATAKA M，ONUMA K，et al. Rationalization of

membrane protein crystallization with polyethylene glycol using a simple depletion model[J]. Biophys. J，2003，84：3299-3306.

[54] BONNETÉ F，VIVARES D，ROBERT C，et al. Interactions in solution and crystallization of aspergillus flavus urate oxidase[J]. J. Cryst. Growth，2001，232：330-339.

[55] VIVARÈS D，BONNETÉ F. Liquid-liquid phase separations in urate oxidase/PEG mixtures：characterization and implications for protein crystallization[J]. J. Phys. Chem，2004，108：6498-6507.

[56] HÖNIG W，KULA M R. Selectivity of protein precipitation with polyethylene glycol fractions of various molecular weights[J]. Anal. Biochem，1976，72：502-512.

[57] ATHA D H，INGHAM K C. Mechanism of precipitation of proteins by polyethylene glycols. analysis in terms of excluded volume[J]. J. Biol. Chem，1981，256：12108-12117.

[58] BHAT R，TIMASHEFF S N. Steric exclusion is the principal source of the preferential hydration of proteins in the presence of polyethylene glycols[J]. Protein Sci，1992，1：1133-1143.

[59] ARAKAWA T，TIMASHEFF S N. Mechanism of poly（ethylene glycol）interaction with proteins[J]. Biochemistry，1985，24：6756-6762.

[60] ZHANG X，EL-BOURAWI M S，WEI K,et al. Precipitants and additives for membrane crystallization of lysozyme[J]. Biotechnol. J，2006，1：1302-1311.

[61] ZHENG B，ROACH L S，ISMAGILOV R F. Screening of protein crystallization conditions on a microfluidic chip using nanoliter-size droplets[J]. J. Am. Chem. Soc，2003，125：11170-11171.

[62] NEUGEBAUER J M. Detergents：an overview[J]. Methods Enzymol，1990，182：239-253.

[63] MCPHERSON A，NGUYEN C，CUDNEY R，et al. The role of small molecule additives and chemical modification in protein crystallization[J]. Cryst. Growth Des，2011，11：1469-1474.

[64] SAUTER C，NG J D，LORBER B，et al. Effect of additives

on the crystallization of proteins and nucleic acids[J]. J. Cryst. Growth, 1999, 196: 365-376.

[65] BERGER B W, BLAMEY C J, NAIK U P, et al. Roles of additives and precipitants in crustalization of calcium- and integrin-vrinfing protein[J]. Cryst. Growth Des, 2005, 5: 983.

[66] HEKMAT D, HEBEL D, JOSWIG S, et al. Advanced protein crystallization using water-Soluble ionic liquids as crystallization additives[J]. Biotechnol. Lett, 2007, 29: 1703-1711.

[67] GILLESPIE C M, ASTHAGIRI D, LENHOFF A M. Polymorphic protein crystal growth: influence of hydration and ions in glucose isomerase cryst[J]. Growth Des, 2014, 14: 46-57.

[68] THAKUR A S, ROBIN G, GUNCAR G, et al. Improved success of sparse matrix protein crystallization screening with heterogeneous nucleating agents[J]. PLoS One, 2007, 2: 1-6.

[69] GRÁNÁSY L, PODMANICZKY F, TÓTH G I, et al. Heterogeneous nucleation of/on nanoparticles: a density functional study using the phase-field crystal model[J]. Chem. Soc. Rev, 2014, 43: 2159.

[70] TENWOLDE P R, FRENKEL D.Enhancement of protein crystal nucleation by critical density fluctuations[J]. Science, 1997, 277: 1975-1978.

[71] VEKILOV P G. Nucleation of crystals in solution[J]. AIP Conf. Proc, 2010, 1270: 60-77.

[72] DEY A, BOMANS P H H, MÜLLER F A, et al. The role of prenucleation clusters in surface-induced calcium phosphate crystallization[J]. Nat. Mater, 2010, 9: 1010-1014.

[73] STOLYAROVA S, BASKIN E, NEMIROVSKY Y. Enhanced crystallization on porous silicon: facts and models[J]. J. Cryst. Growth, 2012, 360: 131-133.

[74] WEICHSEL U, SEGETS D, THAJUDEEN T, et al. Enhanced crystallization of lysozyme mediated by the aggregation of inorganic seed particles[J]. Cryst. Growth Des, 2017, 17: 967-981.

[75] NANEV C N，SARIDAKIS E，CHAYEN N E. Protein crystal nucleation in pores[J]. Sci. Rep，2017，7：35821.

[76] KERTIS F，KHURSHID S，OKMAN O，et al. Heterogeneous nucleation of protein crystals using nanoporous gold nucleants[J]. J. Mater. Chem，2012，22：21928-21934.

[77] ARCY A D，MAC A. Short communications using natural seeding material to generate nucleation in protein crystallization experiments[J]. Acta Cryst.D，2003，59：1343-1346.

[78] KIMBLE W L，PAXTON T E，ROUSSEAU R W，et al. The effect of mineral substrates on the crystallization of lysozyme[J]. J. Cryst. Growth，1998，187：268-276.

[79] KHURSHID S，SARIDAKIS E，GOVADA L，et al. Porous nucleating agents for protein crystallization[J]. Nat. Protoc，2014，9：1621-1633.

[80] GOVADA L，LEESE H S，SARIDAKIS E，et al. Exploring carbon nanomaterial diversity for nucleation of protein crystals[J]. Sci. Rep，2016，6：20053.

[81] SARIDAKIS E，CHAYEN N E. Towards a “universal” nucleant for protein crystallization[J]. Trends Biotechnol，2009，27：99-106.

[82] VAN MEEL J A，SEAR R P，FRENKEL D. Design principles for broad-spectrum protein-crystal nucleants with nanoscale pits[J]. Phys. Rev. Lett，2010，105：1-4.

[83] PAGE A J，SEAR R P. Heterogeneous nucleation in and out of pores[J]. Phys. Rev. Lett，2006，97：065701.

[84] SHAH U V，WILLIAMS D R，HENG J Y Y. Selective crystallization of proteins using engineered nanonucleants[J]. Cryst. Growth Des，2012，12：1362-1369.

[85] MANNSFELD S C B，BRISENO A L，LIU S，et al.Selective nucleation of organic single crystals from vapor phase on nanoscopically rough surfaces[J]. Adv. Funct. Mater，2007，17：3545-3553.

[86] BRISENO A L，MANNSFELD S C B，LING M M，et al.

Patterning organic single-crystal transistor arrays[J]. Nature，2006，444：913-917.

[87] PAGE A J，SEAR R P. Crystallization controlled by the geometry of a surface[J]. J. Am. Chem. Soc，2009，131：17550-17551.

[88] SEAR R P. Crystal nucleation：in a tight corner[J]. Nat Mater，2011，10：809-810.

[89] DIAO Y，HARADA T，MYERSON A S，et al. The role of nanopore shape in surface-induced crystallization[J]. Nat. Mater，2011，10：867-871.

[90] LÓPEZ-MEJÍAS V，MYERSON A S，TROUT B L. Geometric design of heterogeneous nucleation sites on biocompatible surfaces[J]. Cryst. Growth Des，2013，13：3835-3841.

[91] CHENG S F，GAO L，WOO R L，et al. Selective area metalorganic vapor-Phase epitaxy of gallium arsenide on silicon[J]. J. Cryst. Growth，2008，310：562-569.

[92] CHADWICK K，CHEN J，MYERSON A S，et al. Toward the rational design of crystalline surfaces for heteroepitaxy：role of molecular functionality[J]. Cryst. Growth Des，2012，12：1159-1166.

[93] ATKINSON J D，MURRAY B J，WOODHOUSE M T，et al. Erratum：the importance of feldspar for ice nucleation by mineral dust in mixed-phase clouds[J]. Nature，2013，500：490.

[94] MCPHERSONA，SHLICHTA P J. Facilitation of the growth of protein crystals by heterogeneous/epitaxial nucleation[J]. J. Cryst. Growth，1987，85：206-214.

[95] CHADWICK K，MYERSON A，TROUT B. Polymorphic control by heterogeneous nucleation-a new method for selecting crystalline substrates[J]. Cryst Eng Comm，2011，13：6625-6627.

[96] QUON J L，CHADWICK K，WOOD G P F，et al. Templated nucleation of acetaminophen on spherical excipient agglomerates[J]. Langmuir，2013，29：3292-3300.

[97] OLMSTED B K，WARD M D. The role of chemical interactions

and epitaxy during nucleation of organic crystals on crystalline substrates[J]. Cryst Eng Comm，2011，13：1070-1073.

[98] KWOKAL A，ROBERTS K J. Direction of the polymorphic form of entecapone using an electrochemical tuneable surface template[J]. Cryst Eng Comm，2014，16：3487-3493.

[99] WOKAL A K，NGUYEN T T H，ROBERTS K J. Polymorph-directing seeding of entacapone crystallization in aqueous/acetone solution using a self-assembled molecular layer on au（100）[J]. Cryst. Growth Des，2009，9：4324-4334.

[100] URBANUS J，LAVEN J，ROELANDS C P M，et al. Template induced crystallization：a relation between template properties and template performance[J]. Cryst. Growth Des，2009，9：2762-2769.

[101] GAO A，WU Q，WANG D，et al. Superhydrophobic surface templated by proteinSelf-assembly and emerging application toward protein crystallization[J]. Adv. Mater，2016，28：579-587.

[102] DELMAS T，ROBERTS M M，HENG J Y Y，et al. Nucleation and crystallization of lysozyme：role of substrate surface chemistry and topography[J]. J. Adhes. Sci. Technol，2017，4243：357-366.

[103] ROBERT M C，LEFAUCHEUX F. Crystal growth in gels：principle and applications[J]. J. Cryst. Growth，1988，90：358-367.

[104] MORENO A，QUIROZ-GARCÍA B，YOKAICHIYA F，et al. Protein crystal growth in gels and stationary magnetic fields[J]. Cryst. Res. Technol，2007，42：231-236.

[105] THIESSEN K J. The use of two novel methods to grow protein crystals by microdialysis and vapor diffusion in an agarose gel[J]. Acta Crystallogr，1994，50：491-495.

[106] BIERT C，SUCK D，SAUTER C，et al. Crystallization of biological macromolecules using agarose gel[J]. Acta Cryst.D，2002，58：1657-1659.

[107] GARCIA-RU J M，GONZALEZ-RAMIREZ L A，GARCIA-RUIZ J M，et al. Granada crystallisation box：a new device for protein

crystallisation by counter-diffusion techniques[J]. Acta Cryst.D，2002，58：1638-1642.

[108] REDDY S M，PHAN Q T，EL-SHARIF H，et al. Protein crystallization and biosensor applications of hydrogel-based molecularly imprinted polymers[J]. Biomacromolecules，2012，13：3959-3965.

[109] GOVADA L，PHAN Q，HAWKINS D，et al. Protein crystallization facilitated by molecularly imprinted polymers[J]. Proc. Natl. Acad. Sci，2011，108：18566-18566.

[110] XING Y，HU Y，JIANG L，et al. Zwitterion-immobilized imprinted polymers for promoting the crystallization of proteins[J]. Cryst. Growth Des，2015，15：4932-4937.

[111] HU Y，CHEN Z，FU Y，et al. The amino-terminal structure of human fragile x mental retardation protein obtained using precipitant-immobilized imprinted polymers[J]. Nat. Commun，2015，6：1-11.

[112] SEEMAN N C. Nucleic acid junctions and lattices[J]. J. Theor. Biol，1982，99：237-247.

[113] SEEMAN N C，LUKEMAN P S. Nucleic acid nanostructures：bottom-up control of geometry on the nanoscale[J]. Rep. Prog. Phys，2004，68：237-270.

[114] FU T J，SEEMAN N C. DNA double-crossover molecules[J]. Biochemistry，1993，32：3211-3220.

[115] WINFREE E，LIU F，WENZLER L A，et al. Design and self-assembly of two-dimensional DNA crystals[J]. Nature，1998，394：539-544.

[116] ZHANG X，YAN H，SHEN Z，et al. Paranemic cohesion of topologically-closed DNA molecules[J]. J. Am. Chem. Soc，2002，124：12940-12941.

[117] YAN H，ZHANG X，SHEN Z，et al. A robust DNA mechanical device controlled by hybridization topology[J]. Nature，2002，415：62-65.

[118] SHEN Z，YAN H，WANG T，et al. Paranemic crossover DNA：a generalized holliday structure with applications in nanotechnology[J]. J.

Am. Chem. Soc，2004，126：1666-1674.

[119] LABEAN T H，YAN H，KOPATSCH J, et al. Construction, analysis, ligation, and self-assembly of DNA triple crossover complexes[J]. J. Am. Chem. Soc，2000，122：1848-1860.

[120] YAN H，PARK S H，FINKELSTEIN G, et al. DNA-templated self-assembly of protein arrays and highly conductive nanowires[J]. Science，2003，301：1882-1884.

[121] HE Y，CHEN Y，LIU H, et al. Self-assembly of hexagonal DNA two-dimensional（2D）arrays[J]. J. Am. Chem. Soc，2005，127：12202-12203.

[122] HE Y，TIAN Y，RIBBE A E, et al. Highly connected two-dimensional crystals of DNA six-point-stars[J]. J. Am. Chem. Soc，2006，128：15978-15979.

[123] HE Y，YE T，SU M, et al. Hierarchical self-assembly of DNA into symmetric supramolecular polyhedra[J]. Nature，2008，452：198-201.

[124] ZHANG C，SU M，HE Y, et al. Conformational flexibility facilitates self-assembly of complex DNA nanostructures[J]. Proc. Natl. Acad. Sci.U. S. A，2008，105：10665-10669.

[125] TIAN C，LI X，LIU Z, et al. Directed self-assembly of DNA tiles into complex nanocages[J]. Angew. Chem. Int. Ed，2014，53：8041-8044.

[126] LIU Z，TIAN C，YU J, et al. Self-assembly of responsive multilayered DNA nanocages[J]. J. Am. Chem. Soc，2015，137：1730-1733.

[127] LI Y，TIAN C，LIU Z, et al. Structural transformation：assembly of an otherwise inaccessible DNA nanocage[J]. Angew. Chem. Int. Ed，2015，54：5990-5993.

[128] ROTHEMUND P W K. Folding DNA to create nanoscale shapes and patterns[J]. Nature，2006，440：297-302.

[129] QIAN L，WANG Y，ZHANG Z, et al. Analogic china map constructed by DNA[J]. Chin. Sci. Bull，2006，51：2973-2976.

[130] ANDERSEN E S, DONG M, NIELSEN M M, et al. DNA origami design of dolphin-shaped structures with flexible tails[J]. ACS Nano, 2008, 2: 1213-1218.

[131] ANDERSEN E S, DONG M, NIELSEN M M, et al. Self-assembly of a nanoscale DNA box with a controllable lid[J]. Nature, 2009, 459: 73-76.

[132] KE Y, SHARMA J, LIU M, et al. Scaffolded DNA origami of a DNA tetrahedron molecular container[J]. Nano Lett, 2009, 9: 2445-2447.

[133] HAN D, PAL S, NANGREAVE J, et al. DNA origami with complex curvatures in three-dimensional space[J]. Science, 2011, 332: 342-346.

[134] LIU X, ZHANG F, JING X, et al. Complex silica composite nanomaterials templated with DNA origami[J]. Nature, 2018, 559: 593-598.

[135] UDOMPRASERT A, KANGSAMAKSIN T. DNA origami applications in cancer therapy[J]. Cancer Sci, 2017, 108: 1535-1543.

[136] 樊春海，刘冬生 .DNA 纳米技术 [M]. 北京：科学出版社，2011.

[137] WEI B, DAI M, YIN P. Complex shapes self-assembled from single-stranded DNA tiles[J]. Nature, 2012, 485: 623-626.

[138] KE Y, ONG L L, SHIH W M, et al. Three-dimensional structures self-assembled from DNA bricks[J]. Science, 2012, 338: 1177-1183.

[139] YIN P, HARIADI R F, SAHU S, et al. Programming DNA tube circumferences[J]. Science, 2008, 321: 824-826.

[140] ZHENG J, BIRKTOFT J J, CHEN Y, et al. From molecular to macroscopic via the rational design of a self-assembled 3D DNA crystal[J]. Nature, 2009, 461: 74-77.

[141] HERNANDEZ C, BIRKTOFT J J, OHAYON Y P, et al. Self-assembly of 3D DNA crystals containing a torsionally stressed component[J]. Cell Chem. Biol, 2017, 24: 1401-1406.

[142] SEEMAN N C，GANG O. Three-dimensional molecular and nanoparticle crystallization by DNA nanotechnology[J]. MRS Bull，2017，42：904-912.

[143] SIMMONS C R，ZHANG F，MACCULLOCH T，et al. Tuning the cavity size and chirality of self-assembling 3D DNA crystals[J]. J. Am. Chem. Soc，2017，139：11254-11260.

[144] BRADY R A，BROOKS N J，CICUTA P，et al. Crystallization of amphiphilic DNA C-stars[J]. Nano Lett，2017，17：3276-3281.

[145] SEEMAN N C. DNA nanotechnology：novel DNA constructions annu[J]. Rev. Biophys. Biomol. Struct，1998，27：225-248.

[146] SHIPING L，SEEMAN N C. Translation of DNA signals into polymer assembly instructions[J]. Science，2004，306：2072-2074.

[147] DONG Y，LIU D，YANG Z. A brief review of methods for terminal functionalization of DNA[J]. Methods，2014，67：116-122.

[148] FALINI G，FERMANI S，CONFORTI G，et al. Protein crystallisation on chemically modified mica surfaces[J]. Acta Crystallogr，2002，58：1649-1652.

[149] BOWEN B，STEINBERG L，LARMMLI U，et al. The detection of DNA-binding proteins by protein blotting[J]. Nucleic Acids Res，1980，8：1-20.

[150] PENN N W，SUWALSKI R，O'RILEY C，et al. The presence of 5-hydroxy methyl cytosine in animal deoxyribonucleic acid[J]. Biochem. J，1972，126：781-790.

[151] TARDIEUA A，BONNETE F，FINETC S，et al. Understanding salt or PEG induced attractive interactions to crystallize biological macromolecules[J]. Acta Cryst.D，2002，58：1549-1553.

[152] PHILLIP Y，SHERMAN E，HARAN G，et al. Common crowding agents have only a small effect on protein-protein interactions[J]. Biophys. J，2009，97：875-885.

[153] BONVIN A M J J，SUNNERHAGEN M，OTTING G，et al. Water molecules in DNA recognition II：a molecular dynamics view of the

structure and hydration of the trp operator[J]. J. mol. Biol，1998，282：859-873.

[154] REDDY C K，DAS A，JAYARAM B. Do water molecules mediate protein-DNA recogniton[J]. J. mol. Biol，2001，314：619-632.

[155] SHAH U V，ALLENBY M C，WILLIAMS D R，et al. Crystallization of proteins at ultralow supersaturations using novel three-dimensional nanotemplates[J]. Cryst. Growth Des，2012，12：1772-1777.

[156] CHAYEN N E，SARIDAKIS E，SEAR R P. Experiment and theory for heterogeneous nucleation of protein crystals in a porous medium[J]. Proc. Natl. Acad. Sci. U. S. A，2006，103：597-601.

[157] SHAH U V，WILLIAMS D R，HENG J Y Y. Selective crystallization of proteins using engineered nanonucleants[J]. Cryst. Growth Des，2012，12：1362-1369.

[158] DING B，DENG Z，YAN H，et al.Gold nanoparticle self-similar chain structure organized by DNA origami[J]. J. Am. Chem. Soc，2010，132：3248-3249.

[159] ZHU C，WANG M，DONG J，et al. Modular assembly of plasmonic nanoparticles assisted by DNA origami[J]. Langmuir，2018，34：14963-14968.

[160] HONG F，ZHANG F，LIU Y，et al. DNA origami：scaffolds for creating higher order structures[J]. Chem. Rev，2017，117：12584-12640.

[161] SOILLEUX E J.DC-SIGN（dendritic cell-specific ICAMgrabbing non-integrin）and DC-SIGN-related（DC-SIGNR）：friend or foe?[J]. Clin. Sci，2003，104：437-446.

[162] GARCIA-VALLEJO J J，VAN KOOYK Y. The Physiological role of DC-SIGN：a tale of mice and men[J]. Trends Immunol，2013，34：482-486.

[163] FU Y，ZENG D，CHAO J，et al. Single-step rapid assembly of DNA origami nanostructures for addressable nanoscale bioreactors[J]. J. Am. Chem. Soc，2013，135：696-702.

附录　DNA 折纸序列信息

本研究用到的 DNA 折纸结构，均在颜灏 2008 年设计的 DNA 折纸的基础上设计而成。其最初设计如附图 1 所示。本结构中的模板 DNA 长链均为 M13mp18DNA，订书钉链序列如附图 2 ~ 附图 8 所示。

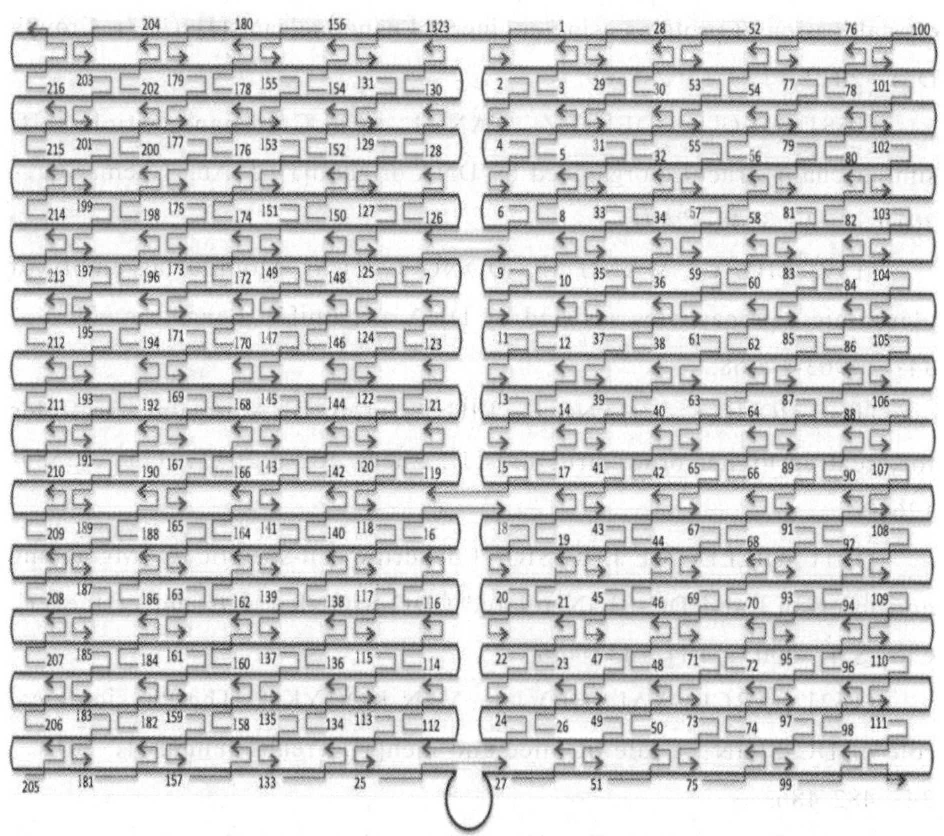

附图 1　DNA 折纸原始设计示意图，其中订书钉链标号在 5′ 端，箭头为 3′ 端

序列编号	序列内容 (5'-3')
16	GCTCATTTTCGCATTAAATTTTTGAGCTTAGA
24	ACCCAAATCAAGTTTTTTGGGGTCAAAGAACG
19	TAGAATCCCTGAGAAGAGTCAATAGGAATCAT
21	TTTAACGTTCGGGAGAAACAATAATTTTCCCT
23	GGATTTAGCGTATTAAATCCTTTGTTTTCAGG
26	TAGCCCTACCAGCAGAAGATAAAAACATTTGA
43	ATCAAAATCGTCGCTATTAATTAACGGATTCG
44	CTGTAAATCATAGGTCTGAGAGACGATAAATA
45	CCTGATTGAAAGAAATTGCGTAGACCCGAACG
46	ACAGAAATCTTTGAATACCAAGTTCCTTGCTT
47	TTATTAATGCCGTCAATAGATAATCAGAGGTG
48	AGATTAGATTTAAAAGTTTGAGTACACGTAAA
49	AGGCGGTCATTAGTCTTTAATGCGCAATATTA
50	GAATGGCTAGTATTAACACCGCCTCAACTAAT
67	TAACCTCCATATGTGAGTGAATAAACAAAATC
68	AAATCAATGGCTTAGGTTGGGTTACTAAATTT
69	GCGCAGAGATATCAAAATTATTTGACATTATC
70	AACCTACCGCGAATTATTCATTTCCAGTACAT
71	ATTTTGCGTCTTTAGGAGCACTAAGCAACAGT
72	CTAAAATAGAACAAAGAAACCACCAGGGTTAG
73	GCCACGCTATACGTGGCACAGACAACGCTCAT
74	GCGTAAGAGAGAGCCAGCAGCAAAAAGGTTAT
91	TATGTAAACCTTTTTTAATGGAAAAATTACCT
92	TTGAATTATGCTGATGCAAATCCACAAATATA
93	GAGCAAAAACTTCTGAATAATGGAAGAAGGAG
94	TGGATTATGAAGATGATGAAACAAAATTTCAT
95	CGGAATTATTGAAAGGAATTGAGGTGAAAAAT
96	ATCAACAGTCATCATATTCCTGATTGATTGTT
97	CTAAAGCAAGATAGAACCCTTCTGAATCGTCT
98	GCCAACAGTCACCTTGCTGAACCTGTTGGCAA
113	CCAGCAGGGGCAAAATCCCTTATAAAGCCGGC
115	GCTCACAATGTAAAGCCTGGGGTGGGTTTGCC
117	GCTTCTGGTCAGGCTGCGCAACTGTGTTATCC

附图 2　孔径 8 nm 圆筒状 DNA 折纸序列

118	GTTAAAATTTTAACCAATAGGAACCCGGCACC
134	GAATAGCCGCAAGCGGTCCACGCTCCTAATGA
135	GAGTTGCACGAGATAGGGTTGAGTAAGGGAGC
136	GTGAGCTAGTTTCCTGTGTGAAATTTGGGAAG
137	TCATAGCTACTCACATTAATTGCGCCCTGAGA
138	GGCGATCGCACTCCAGCCAGCTTTGCCATCAA
139	GAAGATCGGTGCGGGCCTCTTCGCAATCATGG
140	AAATAATTTTAAATTGTAAACGTTGATATTCA
141	GCAAATATCGCGTCTGGCCTTCCTGGCCTCAG
158	AGTTTGGAGCCCTTCACCGCCTGGTTGCGCTC
159	AGCTGATTACAAGAGTCCACTATTGAGGTGCC
160	ACTGCCCGCCGAGCTCGAATTCGTTATTACGC
161	CCCGGGTACTTTCCAGTCGGGAAACGGGCAAC
162	CAGCTGGCGGACGACGACAGTATCGTAGCCAG
163	GTTTGAGGGAAAGGGGGATGTGCTAGAGGATC
164	CTTTCATCCCCAAAAACAGGAAGACCGGAGAG
165	AGAAAAGCAACATTAAATGTGAGCATCTGCCA
182	TGGACTCCCTTTTCACCAGTGAGACCTGTCGT
183	TGGTTTTTAACGTCAAAGGGCGAAGAACCATC
184	GCCAGCTGCCTGCAGGTCGACTCTGCAAGGCG
185	CTTGCATGCATTAATGAATCGGCCCGCCAGGG
186	ATTAAGTTCGCATCGTAACCGTGCGAGTAACA
187	TAGATGGGGGGTAACGCCAGGGTTGTGCCAAG
188	ACCCGTCGTCATATGTACCCCGGTAAAGGCTA
189	CATGTCAAGATTCTCCGTGGGAACCGTTGGTG
S-191	ACCCAAATTTGCCTGAGAGTCTGGAAAACTAG
S-190	TCAGGTCACAAGTTTTTTGGGGTCAAAGAACG
S-167	GTAAAGCATTTTTGAGAGATCTACTGATAATC
S-165	AGAAAAGCCTAAATCGGAACCCTAGTTGTTCC
S-143	CCCCGATTAGCTGATAAATTAATGTTGTATAA
S-142	ACCGTTCTTAGAGCTTGACGGGGAAATCAAAA
S-120	GAACGTGGAAATCACCATCAATATAATATTTT
S-119	AGACAGTCCGAGAAAGGAAGGGAACAAACTAT
S-15	CGGCCTTGGAAAAAGCCTGTTTAGAAGGCCGG

附图2　孔径8 nm圆筒状DNA折纸序列（续）

S - 17	AATTACTACTGGTAATATCCAGAACGAACTGA
S - 41	CCGCCAGCAATAAGAATAAACACCGTGAATTT
S - 42	AGGCGTTACATTGCAACAGGAAAAATATTTTT
S - 65	GGAAATACGAAATACCGACCGTGTTACCTTTT
S - 66	AATGGTTTCTACATTTTGACGCTCACCTGAAA
S - 89	GAAATGGAAATTTCATCTTCTGACTATAACTA
S - 90	TTTTAGTTTTATTTACATTGGCAGACATTCTG
S - 112	CCGAAATCCGAAAATCCTGTTTGAAATACCGA
S - 22	CGACAACTAAGTATTAGACTTTACAGCCGGAA
S - 114	GCATAAAGTTCCACACAACATACGAAACAATT
S - 20	CTTTTACACAGATGAATATACAGTAAGCGCCA
S - 116	TTCGCCATTGCCGGAAACCAGGCAAACAGTAC
S - 18	TTAAGACGTTGAAAACATAGCGATTTAAATCA

附图 2　孔径 8 nm 圆筒状 DNA 折纸序列（续）

编序列号	序列内容 (5'-3')
15	GCGTTATAGAAAAAGCCTGTTTAGAAGGCCGG
16	GCTCATTTTCGCATTAAATTTTTGAGCTTAGA
17	AATTACTACAAATTCTTACCAGTAATCCCATC
18	TTAAGACGTTGAAAACATAGCGATAACAGTAC
19	TAGAATCCCTGAGAAGAGTCAATAGGAATCAT
20	CTTTTACACAGATGAATATACAGTAAACAATT
21	TTTAACGTTCGGGAGAAACAATAATTTTCCCT
22	CGACAACTAAGTATTAGACTTTACAATACCGA
23	GGATTTAGCGTATTAAATCCTTTGTTTTCAGG
24	ACCCAAATCAAGTTTTTTGGGGTCAAAGAACG
26	TAGCCCTACCAGCAGAAGATAAAAACATTTGA
41	ACGCTCAAAATAAGAATAAACACCGTGAATTT
42	AGGCGTTACAGTAGGGCTTAATTGACAATAGA
43	ATCAAAATCGTCGCTATTAATTAACGGATTCG
44	CTGTAAATCATAGGTCTGAGAGACGATAAATA
45	CCTGATTGAAAGAAATTGCGTAGACCCGAACG
46	ACAGAAATCTTTGAATACCAAGTTCCTTGCTT
47	TTATTAATGCCGTCAATAGATAATCAGAGGTG
48	AGATTAGATTTAAAAGTTTGAGTACACGTAAA
49	AGGCGGTCATTAGTCTTTAATGCGCAATATTA
50	GAATGGCTAGTATTAACACCGCCTCAACTAAT
65	CATATTTAGAAATACCGACCGTGTTACCTTTT
66	AATGGTTTACAACGCCAACATGTAGTTCAGCT
67	TAACCTCCATATGTGAGTGAATAAACAAAATC
68	AAATCAATGGCTTAGGTTGGGTTACTAAATTT
69	GCGCAGAGATATCAAAATTATTTGACATTATC
70	AACCTACCGCGAATTATTCATTTCCAGTACAT
71	ATTTTGCGTCTTTAGGAGCACTAAGCAACAGT
72	CTAAAATAGAACAAAGAAACCACCAGGGTTAG
73	GCCACGCTATACGTGGCACAGACAACGCTCAT
74	GCGTAAGAGAGAGCCAGCAGCAAAAAGGTTAT
89	AGAGGCATAATTTCATCTTCTGACTATAACTA
90	TTTTAGTTTTTCGAGCCAGTAATAAATTCTGT

附图3　11 nm DNA 折纸序列

91	TATGTAAACCTTTTTAATGGAAAAATTACCT
92	TTGAATTATGCTGATGCAAATCCACAAATATA
93	GAGCAAAAACTTCTGAATAATGGAAGAAGGAG
94	TGGATTATGAAGATGATGAAACAAAATTTCAT
95	CGGAATTATTGAAAGGAATTGAGGTGAAAAAT
96	ATCAACAGTCATCATATTCCTGATTGATTGTT
97	CTAAAGCAAGATAGAACCCTTCTGAATCGTCT
98	GCCAACAGTCACCTTGCTGAACCTGTTGGCAA
112	CCGAAATCCGAAAATCCTGTTTGAAGCCGGAA
113	CCAGCAGGGGCAAAATCCCTTATAAAGCCGGC
114	GCATAAAGTTCCACACAACATACGAAGCGCCA
115	GCTCACAATGTAAAGCCTGGGGTGGGTTTGCC
116	TTCGCCATTGCCGGAAACCAGGCATTAAATCA
117	GCTTCTGGTCAGGCTGCGCAACTGTGTTATCC
118	GTTAAAATTTTAACCAATAGGAACCCGGCACC
119	AGACAGTCATTCAAAAGGGTGAGAAGCTATAT
120	AGGTAAAGAAATCACCATCAATATAATATTTT
134	GAATAGCCGCAAGCGGTCCACGCTCCTAATGA
135	GAGTTGCACGAGATAGGGTTGAGTAAGGGAGC
136	GTGAGCTAGTTTCCTGTGTGAAATTTGGGAAG
137	TCATAGCTACTCACATTAATTGCGCCCTGAGA
138	GGCGATCGCACTCCAGCCAGCTTTGCCATCAA
139	GAAGATCGGTGCGGGCCTCTTCGCAATCATGG
140	AAATAATTTTAAATTGTAAACGTTGATATTCA
141	GCAAATATCGCGTCTGGCCTTCCTGGCCTCAG
142	ACCGTTCTAAATGCAATGCCTGAGAGGTGGCA
143	TATATTTTAGCTGATAAATTAATGTTGTATAA
158	AGTTTGGAGCCCTTCACCGCCTGGTTGCGCTC
159	AGCTGATTACAAGAGTCCACTATTGAGGTGCC
160	ACTGCCCGCCGAGCTCGAATTCGTTATTACGC
161	CCCGGGTACTTTCCAGTCGGGAAACGGGCAAC
162	CAGCTGGCGGACGACGACAGTATCGTAGCCAG
163	GTTTGAGGGAAAGGGGGATGTGCTAGAGGATC
164	CTTTCATCCCCAAAAACAGGAAGACCGGAGAG

附图 3　11 nm DNA 折纸序列（续）

165	AGAAAAGCAACATTAAATGTGAGCATCTGCCA
166	GGTAGCTAGGATAAAAATTTTTAGTTAACATC
167	CAACGCAATTTTTGAGAGATCTACTGATAATC
182	TGGACTCCCTTTTCACCAGTGAGACCTGTCGT
183	TGGTTTTTAACGTCAAAGGGCGAAGAACCATC
184	GCCAGCTGCCTGCAGGTCGACTCTGCAAGGCG
185	CTTGCATGCATTAATGAATCGGCCCGCCAGGG
186	ATTAAGTTCGCATCGTAACCGTGCGAGTAACA
187	TAGATGGGGGGTAACGCCAGGGTTGTGCCAAG
188	ACCCGTCGTCATATGTACCCCGGTAAAGGCTA
189	CATGTCAAGATTCTCCGTGGGAACCGTTGGTG
190	TCAGGTCACTTTTGCGGGAGAAGCAGAATTAG
191	CTGTAATATTGCCTGAGAGTCTGGAAAACTAG

附图3　11 nm DNA 折纸序列（续）

序列编号	序列内容 (5'- 3')
192	CAAAATTAAAGTACGGTGTCTGGAAGAGGTCA
168	CAATAAATACAGTTGATTCCCAATTTAGAGAG
144	TCAATTCTTTTAGTTTGACCATTACCAGACCG
121	TTTCATTTGGTCAATAACCTGTTTATATCGCG
14	CTAATTTATCTTTCCTTATCATTCATCCTGAA
40	TAAGTCCTACCAAGTACCGCACTCTTAGTTGC
64	AATGCAGACCGTTTTTATTTTCATCTTGCGGG
88	CCAGACGAGCGCCCAATAGCAAGCAAGAACGC
181	ACCCAAATCAAGTTTTTTGGGGTCAAAGAACG
157	GTAAAGCACTAAATCGGAACCCTAGTTGTTCC
133	CCCCGATTTAGAGCTTGACGGGGAAATCAAAA
25	GAACGTGGCGAGAAAGGAAGGGAACAAACTAT
27	CGGCCTTGCTGGTAATATCCAGAACGAACTGA
51	CCGCCAGCCATTGCAACAGGAAAAATATTTTT
75	GGAAATACCTACATTTTGACGCTCACCTGAAA
99	GAAATGGATTATTTACATTGGCAGACATTCTG

附图 4 11 nm 平板状 DNA 折纸上下边链序列

序列编号	序列内容 (5'-3')
V-12-192	CAAAATTACAAGTTTTTTGGGGTCAAAGAACG
V-12-168	CAATAAATCTAAATCGGAACCCTAGTTGTTCC
V-12-144	TCAATTCTTAGAGCTTGACGGGGAAATCAAAA
V-12-121	TTTCATTTCGAGAAAGGAAGGGAACAAACTAT
V-12-14	CTAATTTACTGGTAATATCCAGAACGAACTGA
V-12-40	TAAGTCCTCATTGCAACAGGAAAAATATTTTT
V-12-64	AATGCAGACTACATTTTGACGCTCACCTGAAA
V-12-88	CCAGACGATTATTTACATTGGCAGACATTCTG
V-12-181	ACCCAAATAGCAATAAAGCCTCAGTTATGACC
V-12-157	GTAAAGCACATACAGGCAAGGCAACTTTATTT
V-12-133	CCCCGATTACTAATAGTAGTAGCAAACCCTCA
V-12-25	GAACGTGGGGGGCGCGAGCTGAAATAATGTGT
V-12-27	CGGCCTTGCGAGCATGTAGAAACCTATCATAT
V-12-51	CCGCCAGCGAACAAGAAAAATAATTAAAGCCA
V-12-75	GGAAATACACGCGCCTGTTTATCAAGAATCGC
V-12-99	GAAATGGACGACAATAAACAACATATTTAGGC

附图5　11 nm 圆筒状 DNA 折纸上下边链序列

序列编号	序列内容 (5'-3')
2	AATGCCCCGTAACAGTGCCCGTATCTCCCTCA
3	TGCCTTGACTGCCTATTTCGGAACAGGGATAG
4	GAGCCGCCCCACCACCGGAACCGCGACGGAAA
5	AACCAGAGACCCTCAGAACCGCCAGGGGTCAG
6	TTATTCATAGGGAAGGTAAATATTCATTCAGT
7	CATAACCCGAGGCATAGTAAGAGCTTTTTAAG
8	ATTGAGGGTAAAGGTGAATTATCAATCACCGG
9	AAAAGTAATATCTTACCGAAGCCCTTCCAGAG
10	GCAATAGCGCAGATAGCCGAACAATTCAACCG
11	CCTAATTTACGCTAACGAGCGTCTAATCAATA
12	TCTTACCAGCCAGTTACAAAATAAATGAAATA
13	ATCGGCTGCGAGCATGTAGAAACCTATCATAT
14	CTAATTTATCTTTCCTTATCATTCATCCTGAA
15	GCGTTATAGAAAAAGCCTGTTTAGAAGGCCGG
16	GCTCATTTTCGCATTAAATTTTTGAGCTTAGA
17	AATTACTACAAATTCTTACCAGTAATCCCATC
18	TTAAGACGTTGAAAACATAGCGATAACAGTAC
19	TAGAATCCCTGAGAAGAGTCAATAGGAATCAT
20	CTTTTACACAGATGAATATACAGTAAACAATT
21	TTTAACGTTCGGGAGAAACAATAATTTTCCCT
22	CGACAACTAAGTATTAGACTTTACAATACCGA
23	GGATTTAGCGTATTAAATCCTTTGTTTTCAGG
24	ACCCAAATCAAGTTTTTTGGGGTCAAAGAACG
26	TAGCCCTACCAGCAGAAGATAAAAACATTTGA
29	CTGAAACAGGTAATAAGTTTTAACCCCTCAGA
30	AGTGTACTTGAAAGTATTAAGAGGCCGCCACC
31	GCCACCACTCTTTTCATAATCAAACCGTCACC
32	GTTTGCCACCTCAGAGCCGCCACCGATACAGG
33	GACTTGAGAGACAAAAGGGCGACAAGTTACCA
34	AGCGCCAACCATTTGGGAATTAGATTATTAGC
35	GAAGGAAAATAAGAGCAAGAAACAACAGCCAT
36	GCCCAATACCGAGGAAACGCAATAGGTTTACC
37	ATTATTTAACCCAGCTACAATTTTCAAGAACG

附图 6 22 nm 圆筒状 DNA 折纸序列

38	TATTTTGCTCCCAATCCAAATAAGTGAGTTAA
39	GGTATTAAGAACAAGAAAAATAATTAAAGCCA
40	TAAGTCCTACCAAGTACCGCACTCTTAGTTGC
41	ACGCTCAAAATAAGAATAAACACCGTGAATTT
42	AGGCGTTACAGTAGGGCTTAATTGACAATAGA
43	ATCAAAATCGTCGCTATTAATTAACGGATTCG
44	CTGTAAATCATAGGTCTGAGAGACGATAAATA
45	CCTGATTGAAAGAAATTGCGTAGACCCGAACG
46	ACAGAAATCTTTGAATACCAAGTTCCTTGCTT
47	TTATTAATGCCGTCAATAGATAATCAGAGGTG
48	AGATTAGATTTAAAAGTTTGAGTACACGTAAA
49	AGGCGGTCATTAGTCTTTAATGCGCAATATTA
50	GAATGGCTAGTATTAACACCGCCTCAACTAAT
53	CCTCAAGAATACATGGCTTTTGATAGAACCAC
54	TAAGCGTCGAAGGATTAGGATTAGTACCGCCA
55	CACCAGAGTTCGGTCATAGCCCCCGCCAGCAA
56	TCGGCATTCCGCCGCCAGCATTGACGTTCCAG
57	AATCACCAAATAGAAAATTCATATATAACGGA
58	TCACAATCGTAGCACCATTACCATCGTTTTCA
59	ATACCCAAGATAACCCACAAGAATAAACGATT
60	ATCAGAGAAAGAACTGGCATGATTTTATTTTG
61	TTTTGTTTAAGCCTTAAATCAAGAATCGAGAA
62	AGGTTTTGAACGTCAAAAATGAAAGCGCTAAT
63	CAAGCAAGACGCGCCTGTTTATCAAGAATCGC
64	AATGCAGACCGTTTTTATTTTCATCTTGCGGG
65	CATATTTAGAAATACCGACCGTGTTACCTTTT
66	AATGGTTTACAACGCCAACATGTAGTTCAGCT
67	TAACCTCCATATGTGAGTGAATAAACAAAATC
68	AAATCAATGGCTTAGGTTGGGTTACTAAATTT
69	GCGCAGAGATATCAAAATTATTTGACATTATC
70	AACCTACCGCGAATTATTCATTTCCAGTACAT
71	ATTTTGCGTCTTTAGGAGCACTAAGCAACAGT
72	CTAAAATAGAACAAAGAAACCACCAGGGTTAG
73	GCCACGCTATACGTGGCACAGACAACGCTCAT

附图6　22 nm圆筒状DNA折纸序列（续）

74	GCGTAAGAGAGAGCCAGCAGCAAAAAGGTTAT
76	TATCACCGTACTCAGGAGGTTTAGCGGGGTTT
77	TGCTCAGTCAGTCTCTGAATTTACCAGGAGGT
79	TGAGGCAGGCGTCAGACTGTAGCGTAGCAAGG
81	CCGGAAACACACCACGGAATAAGTAAGACTCC
83	TTATTACGGTCAGAGGGTAATTGAATAGCAGC
85	CTTTACAGTTAGCGAACCTCCCGACGTAGGAA
87	TCATTACCCGACAATAAACAACATATTTAGGC
89	AGAGGCATAATTTCATCTTCTGACTATAACTA
91	TATGTAAACCTTTTTTAATGGAAAAATTACCT
93	GAGCAAAAACTTCTGAATAATGGAAGAAGGAG
95	CGGAATTATTGAAAGGAATTGAGGTGAAAAAT
97	CTAAAGCAAGATAGAACCCTTCTGAATCGTCT
112	CCGAAATCCGAAAATCCTGTTTGAAGCCGGAA
113	CCAGCAGGGGCAAAATCCCTTATAAAGCCGGC
114	GCATAAAGTTCCACACAACATACGAAGCGCCA
115	GCTCACAATGTAAAGCCTGGGGTGGGTTTGCC
116	TTCGCCATTGCCGGAAACCAGGCATTAAATCA
117	GCTTCTGGTCAGGCTGCGCAACTGTGTTATCC
118	GTTAAAATTTTAACCAATAGGAACCCGGCACC
119	AGACAGTCATTCAAAAGGGTGAGAAGCTATAT
120	AGGTAAAGAAATCACCATCAATATAATATTTT
121	TTTCATTTGGTCAATAACCTGTTTATATCGCG
122	TCGCAAATGGGGCGCGAGCTGAAATAATGTGT
123	TTTTAATTGCCCGAAAGACTTCAAAACACTAT
124	AAGAGGAACGAGCTTCAAAGCGAAGATACATT
125	GGAATTACTCGTTTACCAGACGACAAAAGATT
126	GAATAAGGACGTAACAAAGCTGCTCTAAAACA
127	CCAAATCACTTGCCCTGACGAGAACGCCAAAA
128	CTCATCTTGAGGCAAAAGAATACAGTGAATTT
129	AAACGAAATGACCCCCAGCGATTATTCATTAC
130	CTTAAACATCAGCTTGCTTTCGAGCGTAACAC
131	TCGGTTTAGCTTGATACCGATAGTCCAACCTA
134	GAATAGCCGCAAGCGGTCCACGCTCCTAATGA

附图 6　22 nm 圆筒状 DNA 折纸序列（续）

135	GAGTTGCACGAGATAGGGTTGAGTAAGGGAGC
136	GTGAGCTAGTTTCCTGTGTGAAATTTGGGAAG
137	TCATAGCTACTCACATTAATTGCGCCCTGAGA
138	GGCGATCGCACTCCAGCCAGCTTTGCCATCAA
139	GAAGATCGGTGCGGGCCTCTTCGCAATCATGG
140	AAATAATTTTAAATTGTAAACGTTGATATTCA
141	GCAAATATCGCGTCTGGCCTTCCTGGCCTCAG
142	ACCGTTCTAAATGCAATGCCTGAGAGGTGGCA
143	TATATTTTAGCTGATAAATTAATGTTGTATAA
144	TCAATTCTTTTAGTTTGACCATTACCAGACCG
145	CGAGTAGAACTAATAGTAGTAGCAAACCCTCA
146	GAAGCAAAAAAGCGGATTGCATCAGATAAAAA
147	TCAGAAGCCTCCAACAGGTCAGGATCTGCGAA
148	CCAAAATATAATGCAGATACATAAACACCAGA
149	CATTCAACGCGAGAGGCTTTTGCATATTATAG
150	ACGAGTAGTGACAAGAACCGGATATACCAAGC
151	AGTAATCTTAAATTGGGCTTGAGAGAATACCA
152	GCGAAACATGCCACTACGAAGGCATGCGCCGA
153	ATACGTAAAAGTACAACGGAGATTTCATCAAG
154	CAATGACACTCCAAAAGGAGCCTTACAACGCC
155	AAAAAAGGACAACCATCGCCCACGCGGGTAAA
158	AGTTTGGAGCCCTTCACCGCCTGGTTGCGCTC
159	AGCTGATTACAAGAGTCCACTATTGAGGTGCC
160	ACTGCCCGCCGAGCTCGAATTCGTTATTACGC
161	CCCGGGTACTTTCCAGTCGGGAAACGGGCAAC
162	CAGCTGGCGGACGACGACAGTATCGTAGCCAG
163	GTTTGAGGGAAAGGGGGATGTGCTAGAGGATC
164	CTTTCATCCCCAAAAACAGGAAGACCGGAGAG
165	AGAAAAGCAACATTAAATGTGAGCATCTGCCA
166	GGTAGCTAGGATAAAAATTTTTAGTTAACATC
167	CAACGCAATTTTTGAGAGATCTACTGATAATC
168	CAATAAATACAGTTGATTCCCAATTTAGAGAG
169	TCCATATACATACAGGCAAGGCAACTTTATTT
170	TACCTTTAAGGTCTTTACCCTGACAAAGAAGT

附图6　**22 nm** 圆筒状 **DNA** 折纸序列（续）

171	CAAAAATCATTGCTCCTTTTGATAAGTTTCAT
172	TTTGCCAGATCAGTTGAGATTTAGTGGTTTAA
173	AAAGATTCAGGGGGTAATAGTAAACCATAAAT
174	TTTCAACTATAGGCTGGCTGACCTTGTATCAT
175	CCAGGCGCTTAATCATTGTGAATTACAGGTAG
176	CGCCTGATGGAAGTTTCCATTAAACATAACCG
177	TTTCATGAAAATTGTGTCGAAATCTGTACAGA
178	ATATATTCTTTTTTCACGTTGAAAATAGTTAG
179	AATAATAAGGTCGCTGAGGCTTGCAAAGACTT
182	TGGACTCCCTTTTCACCAGTGAGACCTGTCGT
184	GCCAGCTGCCTGCAGGTCGACTCTGCAAGGCG
186	ATTAAGTTCGCATCGTAACCGTGCGAGTAACA
188	ACCCGTCGTCATATGTACCCCGGTAAAGGCTA
190	TCAGGTCACTTTTGCGGGAGAAGCAGAATTAG
192	CAAAATTAAAGTACGGTGTCTGGAAGAGGTCA
194	TTTTTGCGCAGAAAACGAGAATGAATGTTTAG
196	ACTGGATAACGGAACAACATTATTACCTTATG
198	CGATTTTAGAGGACAGATGAACGGCGCGACCT
200	GCTCCATGAGAGGCTT TGAGGACTAGGGAGTT
202	AAAGGCCGAAAGGAACAACTAAAGCTTTCCAG
204	ACGTTAGTAAATGAATTTTCTGTAAGCGGAGT

附图 6　22 nm 圆筒状 DNA 折纸序列（续）

序列标号	序列内容 (5'- 3')
V - 204	ACCCAAATAAATGAATTTTCTGTAAGCGGAGT
V - 180	GTAAAGCATCTAAAGTTTTGTCGTGAATTGCG
V - 156	CCCCGATTTCCACAGACAGCCCTCATCTCCAA
V - 132	GAACGTGGGTCACCAGTACAAACTTAATTGTA
V - 1	CGGCCTTGATAGGAACCCATGTACAAACAGTT
V - 28	CCGCCAGCCACCACCCTCATTTTCCTATTATT
V - 52	GGAAATACACCGCCACCCTCAGAACTGAGACT
V - 76	GAAATGGATACTCAGGAGGTTTAGCGGGGTTT
V - 181	ACGTTAGTCAAGTTTTTTGGGGTCAAAGAACG
V - 157	CGTAACGACTAAATCGGAACCCTAGTTGTTCC
V - 133	TGTAGCATTAGAGCTTGACGGGGAAATCAAAA
V - 25	TGAGTTTCCGAGAAAGGAAGGGAACAAACTAT
V - 27	CAAGCCCACTGGTAATATCCAGAACGAACTGA
V - 51	CTCAGAGCCATTGCAACAGGAAAAATATTTTT
V - 75	CCCTCAGACTACATTTTGACGCTCACCTGAAA
V - 99	TATCACCGTTATTTACATTGGCAGACATTCTG

附图 7　22 nm 圆筒状 DNA 折纸上下边链序列

序列标号	序列内容 (5'- 3')
204	ACGTTAGTAAATGAATTTTCTGTAAGCGGAGT
180	CGTAACGATCTAAAGTTTTGTCGTGAATTGCG
156	TGTAGCATTCCACAGA CAGCCCTCATCTCCAA
132	TGAGTTTCGTCACCAGTACAAACTTAATTGTA
1	CAAGCCCAATAGGAACCCATGTACAAACAGTT
28	CTCAGAGCCACCACCCTCATTTTCCTATTATT
52	CCCTCAGAACCGCCACCCTCAGAACTGAGACT
76	TATCACCGTACTCAGGAGGTTTAGCGGGGTTT
181	ACCCAAATCAAGTTTTTTGGGGTCAAAGAACG
157	GTAAAGCACTAAATCGGAACCCTAGTTGTTCC
133	CCCCGATTTAGAGCTTGACGGGGAAATCAAAA
25	GAACGTGGCGAGAAAGGAAGGGAACAAACTAT
27	CGGCCTTGCTGGTAATATCCAGAACGAACTGA
51	CCGCCAGCCATTGCAACAGGAAAAATATTTTT
75	GGAAATACCTACATTTTGACGCTCACCTGAAA
99	GAAATGGATTATTTACATTGGCAGACATTCTG

附图 8　22 nm 平板状 DNA 折纸上下边链序列

序列编号	序列内容 (5'- 3')
191-oh	CTGTAATATTGCCTGA CTATCCTCTCATCAC
191-189-oh	GAGTCTGGAAAACTAG CATGTCAAGATTCTCC CTATCCTCTCATCAC
189-187-oh	GTGGGAACCGTTGGTG TAGATGGGGGGTAACG CTATCCTCTCATCAC
187-185-oh	CCAGGGTTGTGCCAAG CTTGCATGCATTAATG CTATCCTCTCATCAC
185-183-oh	AATCGGCCCGCCAGGG TGGTTTTTAACGTCAA CTATCCTCTCATCAC
183	AGGGCGAAGAACCATC
90	CAGTAATAAATTCTGT
92-90-oh	CAAATCCACAAATATATTTAGTTTTTCGAGCCTATCCTCT CATCAC
94-92-oh	TGAAACAAAATTTCATTTGAATTATGCTGATG CTATCCTCTCATCAC
96-94-oh	TTCCTGATTGATTGTTTGGATTATGAAGATGACTATCCTCT CATCAC
98-96-oh	CTGAACCTGTTGGCAAATCAACAGTCATCATACTATCCTC TCATCAC
98-oh	GCCAACAGTCACCTTGCTATCCTCTCATCAC

附图 9 折纸孔道门控链序列

形状	序列编号	序列内容 (5'-3')
正方形	65	CATATTTAGAAATACCGACCGTGTTACCTTTTTCAGTCCAGTTTC
	67	TAACCTCCATATGTGAGTGAATAAACAAAATCTCAGTCCAGTTTC
	68	TTAGGTTGGGTTACTAAATTTAATGGTTTACAACGCCAACATGTAGTTCAGCT
	70	AATTATTCATTTCCAGTACATAAATCAATGGCTCAGTCCAGTTTC
	72	CTAAAATAGAACAAAGAAACCACCAGGGTTAGAACCTACCGCGTCAGTCCAGTTTC
长方形	44	TGCTTCTGTAAATCATAGGTCTGAGAGACGATAAATA
	46	GTAAAACAGAAATCTTTGAATACCAAGTTCCTTCAGTCCAGTTTC
	48	AGATTAGATTTAAAAGTTTGAGTACACTCAGTCCAGTTTC
	70	AACCTACCGCGAATTATTCATTTCCAGTACATTCAGTCCAGTTTC
	72	CTAAAATAGAACAAAGAAACCACCAGGGTTAGTCAGTCCAGTTTC

附图 10　正方形及长方形取代链

序列编号	序列内容 (5'-3')
Alkynyl-DNA	5'-alkynyl-GAAACTGGACTG-3'
Biotin-DNA	5'-biotin-GAAACTGGACTG-3'

附图 11　正方形及长方形伸链互补配对